计算机类专业系列教材——移动应用开发系列

Java 程序设计基础

主 编 赖 红

电子工业出版社·

Publishing House of Electronics Industry

北京·BEIJING

内 容 简 介

Java 开发工程师岗位有着相对较高的薪酬水平和较为广阔的发展前景。本书以 Java 工程师岗位能力要求为主线，将 Java 技术点分为 8 个单元 25 小节，主要包括 Java 开发环境搭建、Java 基础语法、类与对象、GUI、数组与集合、I/O（输入/输出）等内容。

本书提供了丰富的案例进行讲解，使用了内存结构图讲解程序的运行流程，通俗易懂；每一个小节都安排了实训编程任务，通过将知识点融入任务，可以更好地指导学生实践，在实践中提高 Java 的编程能力。

本书包含了 121 个知识点案例、28 个实训任务、220 道习题、25 小节慕课视频。

本书支持教师进行线下网络课程教学，开发了 25 个雨课堂课件和课前预习课件，教师通过本书提供的雨课堂教学课件，可以将带有 MOOC 视频、习题、语音的课前预习课件推送到学生手机上，也可以让学生在课堂上实时答题、弹幕互动，为传统课堂教学师生互动提供了完美的解决方案。

通过本书的学习，读者可以快速掌握 Java 应用程序开发所需的基础知识。

图书在版编目（CIP）数据

Java 程序设计基础/赖红主编. —北京：电子工业出版社，2021.7

ISBN 978-7-121-41368-1

Ⅰ. ①J… Ⅱ. ①赖… Ⅲ. ①JAVA 语言－程序设计Ⅳ. ①TP312.8

中国版本图书馆 CIP 数据核字（2021）第 113189 号

责任编辑：康　静

印　　刷：天津画中画印刷有限公司

装　　订：天津画中画印刷有限公司

出版发行：电子工业出版社

　　　　　北京市海淀区万寿路 173 信箱　邮编 100036

开　　本：787×1092　1/16　印张：15　字数：384 千字

版　　次：2021 年 7 月第 1 版

印　　次：2021 年 7 月第 1 次印刷

定　　价：47.00 元

凡所购买电子工业出版社图书有缺损问题，请向购买书店调换。若书店售缺，请与本社发行部联系，联系及邮购电话：（010）88254888，88258888。

质量投诉请发邮件至 zlts@phei.com.cn，盗版侵权举报请发邮件至 dbqq@phei.com.cn。

本书咨询联系方式：（010）88254609，hzh@phei.com.cn。

前　言

我们每天都在使用计算机和手机，计算机和手机上的软件与应用其实就是在计算机上运行的程序，这本书讲述的就是程序被如何编写出来的。编写程序的人我们称为程序员、"码农"。这些程序员或"码农"其实和我们一样都是普通人，他们能写出程序，我们当然也能够学会把程序写出来。

学习编程最关键的就是使用计算机能听得懂的语言去表达数据和运算数据；知道在运算数据的时候如何使用最简单的判断和循环等手段；学会用一种编程语言去编写程序。

Java 语言目前市场占有率达 20%，为世界第一编程语言。Java 可以编写桌面应用程序、Web 应用程序、分布式系统和移动应用程序。Java是一种被广泛使用的网络语言，Java 程序能广泛运用于金融、电信、医疗等大型企业，已成为名副其实的企业级应用平台霸主。

Java 程序设计
基础宣传

Java 是一门面向对象的编程语言，不仅吸收了 C++语言的各种优点，还摒弃了 C++中难以理解的多继承、指针等概念，因此 Java 允许程序员以优雅的思维方式进行复杂的编程。Java 语言能运行于不同的平台，不受运营环境的限制，一次编译多处运行。

正是因为 Java 具有简单性、面向对象、安全性、跨平台等特点，所以其应用和就业前景特别好。那么学习 Java 编程需要具备什么条件？

首先，需要有一点模仿能力，别人怎么做的，能不能模仿别人自己做出来；其次，还需要有一点好奇心，做出来的同时思考下为什么要这样做；再次，需要有一点想象力，想象一下程序在计算机里面到底是如何运行的；最后，最关键的是需要一点点创造力，编程实现的问题都是有一点点挑战性的，而这些挑战都是我们的大脑能够想明白的。

对于大部分刚进入编程学习的初学者，学习编程过程中最困难的就是面对各种各样的语法知识和面向对象的概念无从下手。针对这一难题，本书采用案例驱动的方式编写，对于每一个知识点都通过实例讲解，并对程序运行过程中的内存结构进行分析，让读者明白程序是如何在计算机中一步步运行的，从而让学习者更加清晰地熟悉 Java 程序的运行机制。读者通过案例学习完知识点后，每一个小节都安排了实训编程任务，通过将知识点融入任务，可以更好地指导学生实践，在实践中增加 Java 的编程能力。

本书根据 Java 学习的特点，将教学单元分为 8 个部分，分别为 Java 基础、Java 语法、分支与循环、类和对象、继承与接口、Java GUI、数组与集合、I/O（输入/输出）。每个单元分为 3 个小节，每个小节都通过案例来讲解，讲解完成后配备了实训任务来增强编程能力。

本书支持教师进行线下网络课程教学，开发了 25 个雨课堂课件和课前预习课件，教师通过本书提供的雨课堂教学课件，可以将带有 MOOC 视频、习题、语音的课前预习课件推送到学生手机上，也可以让学生在课堂上实时答题、弹幕互动，为传统课堂教学中的师生互动提供了完美的解决方案。

　　本书包含了 121 个知识点案例、28 个实训任务、220 道习题、25 小节慕课视频，本书的资源列表见附录 A。

编　者

2021 年 4 月

目　录

第1章 Java 基础

1.1 Java 概述

Java 是一门程序设计语言，自问世以来受到了前所未有的关注，并成为计算机领域中最受欢迎的开发语言之一。本节主要介绍计算机语言的作用、Java 语言的含义、Java 语言的发展过程、Java 语言的特点。

计算机语言是人与计算机之间通信的语言，它主要由一些指令组成，这些指令包括数字、符号和语法等内容，程序员可以通过这些指令来指挥计算机进行各种工作。计算机语言的种类非常多，总的来说可以分成机器语言、汇编语言、高级语言三大类。

计算机所能识别的语言只有机器语言，但通常人们编程时不采用机器语言，这是因为机器语言都是由二进制的 0 和 1 组成的编码，不便于记忆和识别。

目前通用的编程语言是汇编语言和高级语言。汇编语言采用了英文缩写的标识符，容易识别和记忆，但是汇编语言语法复杂，功能单一，目前也很少使用。高级语言采用接近于人类的自然语言进行编程，进一步简化了程序编写的过程，是目前绝大多数编程者的选择。Java 作为面向对象的高级语言，发展历程如图 1-1-1 所示。

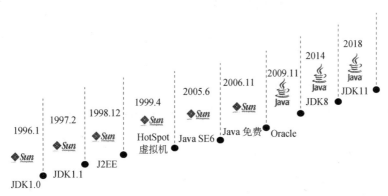

图 1-1-1 Java 发展历程

1996 年 1 月，Sun 公司发布了 Java 的第一个开发工具包（JDK 1.0），这是 Java 发展历程中的重要里程碑，标志着 Java 成为一种独立的开发工具。1997 年 2 月，JDK 1.1 面世，用户量超过了 10 万。1998 年 12 月 8 日，第二代 Java 平台的企业版 J2EE 发布。1999 年 4 月 27 日，HotSpot 虚拟机发布。HotSpot 虚拟机成为 JDK 1.3 及之后所有版本的 Sun JDK 的默认虚拟机。2005 年 6 月，Sun 公司发布了 Java SE 6。2006 年 11 月，Sun 公司将 Java 技术作为免费软件对外发布。2009 年，甲骨文公司（Oracle）宣布收购 Sun。2014 年，Oracle 发布 JDK8。2018 年，Oracle 发布 JDK11。

1999 年 6 月，Sun 公司发布了第二代 Java 平台的 3 个版本：J2ME（Java Micro Edition，Java 平台的微型版），应用于移动、无线及有限资源的环境；J2SE（Java Standard Edition，Java 平台的标准版），应用于桌面环境；J2EE（Java Enterprise Edition，Java 2 平台的企业版），应用于基于 Java 的应用服务器。Java 2 平台的发布，是 Java 发展过程中最重要的一个里程碑，标志着 Java 的应用开始普及。

Java 语言是一门优秀的编程语言，它之所以应用广泛，受到大众的欢迎，是因为它有众多突出的特点，其中最主要的特点如下所述。

（1）简单：Java 语言是一种相对简单的编程语言，通过提供最基本的方法可以编写出适合于各种情况的应用程序。Java 舍弃了 C++中很难理解的运算符重载、多重继承等模糊概念，特别是 Java 语言不使用指针，而是使用引用，并提供了自动的垃圾回收机制，使程序员不必为内存管理而担忧。

（2）面向对象：Java 语言提供了类、接口和继承等功能，支持类之间的单继承和接口之间的多继承，并支持动态绑定。

（3）安全：Java 语言不支持指针，一切对内存的访问都必须通过对象的实例变量来实现，从而使应用更安全。

（4）跨平台：用 Java 语言编写的程序可以在各种平台上运行，也就是说同一段程序既可以在 Windows 操作系统上运行，也可以在 Linux 操作系统上运行，还可以在 iOS 苹果设备上运行。

（5）多线程：程序中多个任务可以并发执行，在很大程度上提高了程序的执行效率。

1.2　JDK 的下载和安装

JDK 的全称是 Java（TM）SE Development Kit，即 Java 标准版（Standard Edition）开发工具包。这是 Java 开发和运行的基本平台。换句话说，所有用 Java 语言编写的程序要运行都离不开它，而用它就可以编译 Java 代码为类文件。注意，不要下载 JRE（Java Runtime Environment，Java 运行时环境），因为 JRE 不包含 Java 编译器和 JDK 类的源码。本节主要介绍什么是 JDK、JDK 的下载和安装、JDK 的配置。

JDK 的下载和
安装视频

JDK 作为一个整套的开发环境，包括 Java 编译器、Java 运行工具、Java 文档生成工具、Java 打包工具。为了满足用户的需求，JDK 的版本也在不断升级。

1996 年 1 月，Sun 公司发布了 Java 的第一个开发工具包（JDK 1.0），到 2018 年 11 月，Oracle 发布了 JDK11。Sun 公司除了提供 JDK 外，还提供了一种 JRE（Java Runtime Environment）工具，它是 Java 运行环境，是提供给普通用户使用的。

JDK 工具中自带了一个 JRE 工具，开发人员只需要在计算机上安装 JDK 即可，不需要专门安装 JRE 工具。Oracle 公司提供了多种操作系统的 JDK，每种操作系统的 JDK 在使用上基本类似。可以根据自己使用的操作系统，从 Oracle 官方网站下载相应的 JDK 安装文件。接下来以 Windows 系统为例来演示 JDK14.0 的安装过程，具体步骤介绍如下。

1.2.1　JDK 的下载

进入 Oracle 公司的 JDK 下载界面，下载地址为 https://www.oracle.com/java/technologies/javase-downloads.html，如图 1-2-1 所示。

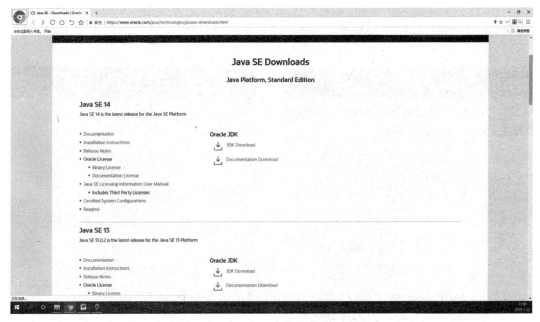

图 1-2-1　JDK 下载地址

进入下载页面后，单击"JDK Download"按钮，进入 JDK 的下载列表，如图 1-2-2 所示，根据操作系统的不同选择不同的 JDK 版本（32 位选择 Windows x86；64 位操作系统选择 Windows x64），在 JDK 下载页面中单击"Accept License Agreement"按钮。

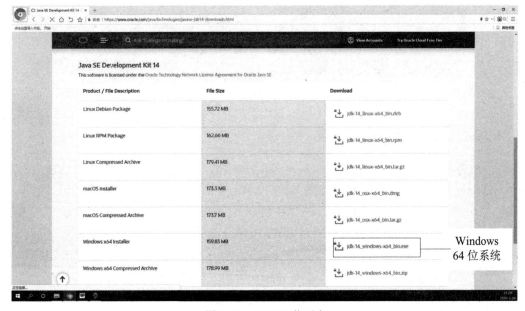

图 1-2-2　JDK 下载列表

1.2.2 JDK 的安装

单击下载完成的 JDK 可执行文件 jdk-14_windows-x64_bin.exe（本书下载的是 jdk14 的 64 位 Windows x86 版本），如图 1-2-3 所示；单击"下一步"按钮，选择 JDK 的安装路径，如图 1-2-4 所示；单击"下一步"按钮，进入 JDK 的安装进度界面，如图 1-2-5 所示，安装完成后单击"关闭"按钮完成 JDK 的安装，如图 1-2-6 所示。

图 1-2-3　JDK 安装

图 1-2-4　JDK 安装路径设置

图 1-2-5　JDK 安装过程

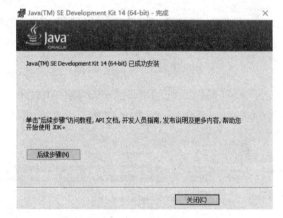

图 1-2-6　JDK 安装完成

1.2.3 JDK 的环境变量配置

打开计算机的"文件管理器"窗口，右击"此电脑"图标，在快捷菜单中选择"属性"命令，打开计算机属性设置窗口，如图 1-2-7 所示；单击"高级系统设置"按钮，进入"系统属性"对话框，如图 1-2-8 所示；在"系统属性"对话框中单击"高级"标签，再单击"环境变量"按钮，进入"环境变量"对话框，如图 1-2-9 所示。

在"环境变量"对话框中，在"系统变量"区域选择系统变量 Path，单击"编辑"按钮，进入"编辑环境变量"对话框，如图 1-2-10 所示；单击"新建"按钮，增加一个值设置为 JDK 的安装路径（本书的安装路径为 C:\Program Files\Java\jdk-14\bin）。

单击"高级系统设置"按钮

图 1-2-7　计算机属性设置窗口

图 1-2-8　"系统属性"对话框

图 1-2-9　"环境变量"对话框

图 1-2-10 "编辑环境变量"对话框

设置完成后可以按"Windows 键+R（组合键）"，打开运行窗口，如图 1-2-11 所示；在运行窗口中输入"cmd"，打开命令行窗口，如图 1-2-12 所示。

在命令行界面中输入"java -version"，若界面显示 java version "14"等 JDK 版本信息，则 JDK14 安装配置成功；若没有出现 JDK 版本信息，请检查环境变量中的设置是否正确。

图 1-2-11　运行窗口

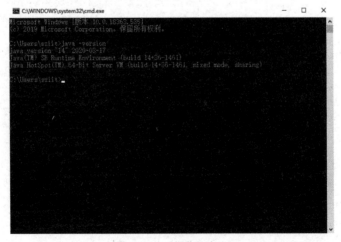

图 1-2-12　命令行窗口

JDK 安装完毕后，在硬盘上生成一个目录，该目录被称为 JDK 安装目录，如图 1-2-13 所示，下面对 JDK 安装目录下的子目录进行介绍。

图 1-2-13　JDK 安装目录

　　bin 目录：该目录用于存放一些可执行程序，如 javac.exe（Java 编译器）、java.exe（Java 运行工具）、jar.exe（打包工具）和 javadoc.exe（文档生成工具）等，如图 1-2-14 所示。

图 1-2-14　bin 目录

　　javac.exe：Java 编译器工具，它可以将编写好的 Java 文件编译成 Java 字节码文件，也就是可执行的 Java 程序。Java 源文件的扩展名为.java，如 Hello world.java。编译后生成的 Java

字节码文件的扩展名为.class，如 Helloworld .class。

java.exe：Java 运行工具，它会启动一个 Java 虚拟机（JVM）进程。Java 虚拟机相当于一个虚拟的操作系统，它专门负责运行由 Java 编译器生成的字节码文件（.class 文件）。

include 目录：里面包含 C 语言的头文件，支持 Java 本地接口和 Java 虚拟机调试程序接口的本地代码编程。

lib 目录：lib 是 library 的缩写，意为 Java 类库或库文件，是开发工具使用的归档包文件。其中包含 tools.jar，它包含支持 JDK 的工具和使用程序的非核心类。

1.3 第一个 Java 程序

第一个 Java
程序视频

软件开发人员一般使用集成开发工具（Integrated Development Environment，IDE）来进行 Java 程序开发，以提高程序的开发效率。本节介绍常用的 Java 开发工具 Eclipse，主要包括 Eclipse 的下载和安装流程，使用 Eclipse 开发、运行和调试程序。

Eclipse 是由 IBM 开发的 IDE 集成开发环境，它是一个开源的，基于 Java 的可扩展开发平台，是目前最流行的 Java 语言开发工具。Eclipse 具有强大的代码编排功能，可以帮助程序开发人员完成语法修正、代码提示修正等，补全文字信息编码工作，大大提高了程序开发的效率。

进入 Eclipse 的主界面（https://www.eclipse.org/downloads/），如图 1-3-1 所示，选择 Eclipse IDE 2020-03，单击"Download 64bit"按钮，进入 Eclipse 下载页面。

图 1-3-1　Eclipse 官方网站

在下载页面中选择 Windows 操作的 64bit 的安装文件，并选择合适的网络镜像下载地址，下载 Eclipse 安装文件，如图 1-3-2 所示。

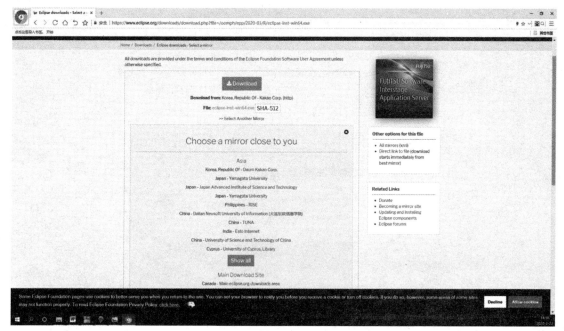

图 1-3-2　Eclipse 下载页面

　　下载完成后，双击"eclipse-inst-win64.exe"应用程序并选择运行，进入 Eclipse 安装对话框，单击"Eclipse IDE for Java Developers"按钮，如图 1-3-3 所示。

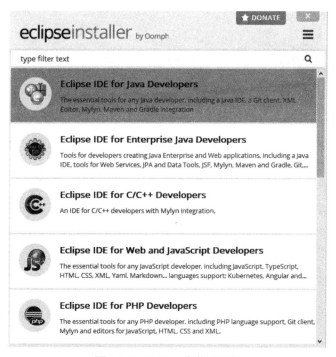

图 1-3-3　Eclipse 安装对话框

　　在安装对话框中，设置 Java VM 虚拟机的安装地址为 JDK 的地址（C:\Program Files\Java\jdk-14（Current）），设置 Eclipse 的 Installation Folder 安装地址，单击"INSTALL"按钮，如图 1-3-4 所示。

图 1-3-4　Eclipse 配置对话框

3~5 分钟后完成 Eclipse 的安装，如图 1-3-5 所示，单击"LAUNCH"按钮启动 Eclipse 集成开发环境。

图 1-3-5　Eclipse 安装完成对话框

启动 Eclipse 集成开发环境后，首先进入 Eclipse 启动对话框，设置 Eclipse 的 Workspace 工作空间，用于存放开发代码，如图 1-3-6 所示。

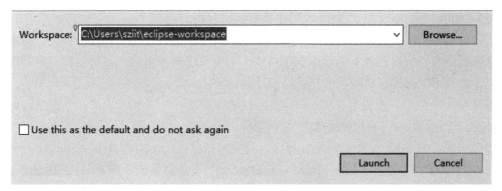

图 1-3-6　Eclipse 启动对话框

设置完 Eclipse 的 Workspace 工作空间后，单击"Launch"按钮，启动 Eclipse。如图 1-3-7 所示是 Eclipse 的工作台窗口。

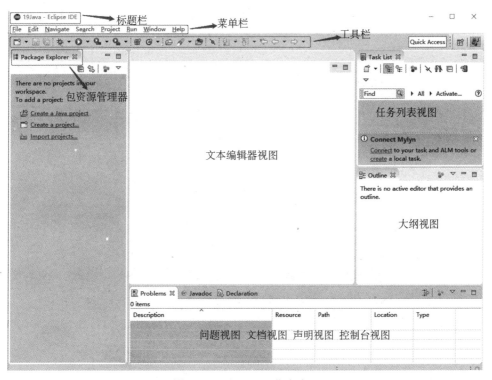

图 1-3-7　Eclipse 工作台窗口

Eclipse 工作台主要由标题栏、菜单栏、工具栏、透视图四部分组成。工作台界面上还有包资源管理器、文本编辑器视图、大纲视图等多个模块，这些视图大多都是用来显示信息的层次结构和实现代码编辑的。

（1）Package Explorer（包资源管理器）：用来显示项目文件的组成结构。

（2）Editor（文本编辑器视图）：用来编写代码的区域。

（3）Problems（问题视图）：显示项目中的一些警告和错误。

（4）Console（控制台视图）：显示程序运行时的输出信息、异常和错误。

（5）Outline（大纲视图）：显示代码中类的结构视图。

代码编写要在文本编辑器视图中完成，文本编辑器具有代码提示、自动补全、撤销等功能。这些视图可以有自己独立的菜单和工具栏，它们可以单独出现，也可以和其他视图叠放在一起，并且可以通过拖动随意改变布局的位置。

通过前面的学习，读者对 Eclipse 开发工具应该有了一个基本的认识，下面学习如何使用 Eclipse 来完成程序的编写和运行。

接下来通过 Eclipse 创建一个 Java 程序，并实现在控制台上输出 Hello Eclipse。

在 Eclipse 窗口中选择"File→New→Java Project"菜单命令或者在 Package Explorer 视图中单击鼠标右键，然后选择"New→Java Project"菜单命令，弹出"New Java Project"对话框，如图 1-3-8 所示。

图 1-3-8 "New Java Project"对话框

Project name 文本框表示项目的名称，这里将项目命名为"Java"，其余选项保持默认，然后单击"Finish"按钮完成项目的创建。在 Package Explorer 视图中便会出现一个名称为"Java"的项目，如图 1-3-9 所示。

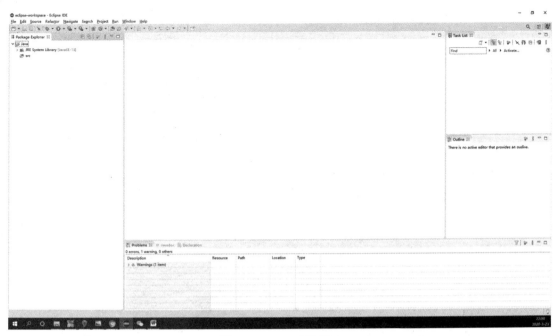

图 1-3-9　Java 项目窗口

在 Package Explorer 视图中，鼠标右键单击 Java 项目下的 src 文件夹，选择"New →
Package"菜单命令，弹出"New Java Package"对话框，如图 1-3-10 所示。

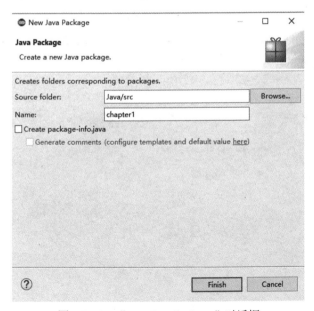

图 1-3-10　"New Java Package"对话框

其中，Source folder 文本框表示项目所在的目录，Name 文本框表示包的名称，这里将
包命名为 chapter1。

鼠标右击 chapter1 包，选择"New→Class"菜单命令，弹出"New Java Class"对话框，
在 Name 文本框中输入"Hello"，创建一个 Hello 类，如图 1-3-11 所示。

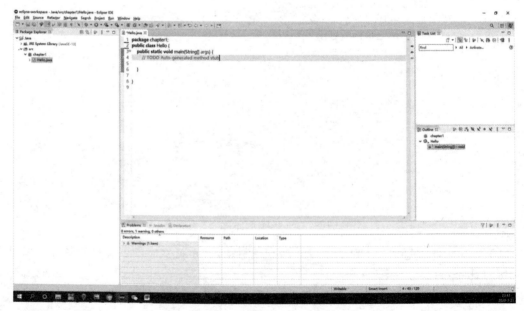

图 1-3-11 "New Java Class" 对话框

在 "New Java Class" 对话框中，选择复选框 "public static void main(String[]args)"，创建 Hello 类时会自动生成 main 方法；单击 "Finish" 按钮，完成 Hello 类的创建；在 chapter1 包下新建一个 Hello.java 文件，建好的 Hello.java 文件会在文本编辑器区域自动打开，在 Hello 类中 main 方法已经自动生成，如图 1-3-12 所示。

图 1-3-12 新建 Hello 类窗口

完成 Hello 类创建后，可以在文本编辑器中完成代码的编写，在这里只写一条输出语句 System.out.println("Hello Eclipse!")，如图 1-3-13 所示。

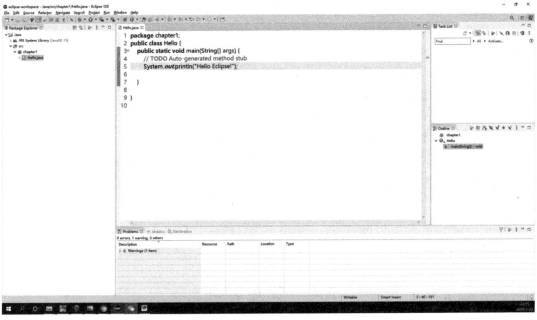

图 1-3-13　Hello 类编写代码窗口

程序编辑完成之后，鼠标右击 Package Explorer 视图中的 Hello. java 文件或者文本编辑器，选择"Run AS→Java Application"菜单命令运行程序。也可以直接单击工具栏上的三角形按钮运行程序，程序运行完毕后在 Console 视图中输出运行结果，如图 1-3-14 所示。这样就完成了在 Eclipse 中创建 Java 项目、在项目下编写和运行程序。

图 1-3-14　Hello 类运行效果

下面我们介绍一下 Java 的运行机制，如图 1-3-15 所示。

Java 编译器将 Java 源文件*.java 编译为字节码文件 *.class，编译后的字节码文件格式主要分为两部分：常量池和方法字节码。常量池记录的是代码出现过的符号常量、类名、成员变量等以及符号引用（类引用、方法引用、成员变量引用等）；方法字节码中存放的是各个方法的字节码。运行 Java 程序的时候，将字节码文件加载到 Java 虚拟机，由虚拟机负责解释和执行 Java 的字节码文件；通过 Java 虚拟机将 Java 字节码文件和具体的硬件平台及操作系统隔离，只需要在不同的平台上安装对应的虚拟机；Java 虚拟机将不同的软硬件平台隔离开，从而实现了 Java 的跨平台访问。

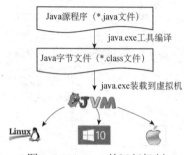

图 1-3-15 Java 的运行机制

总结：本节主要介绍 Eclipse 的下载和安装过程及使用 Eclipse 开发、运行、调试程序；需要熟练使用 Eclipse 工具的各项功能并了解 Java 程序的运行机制。

1.4 单元实训

1.4.1 实训任务

在 Eclipse 中编写一个应用程序，输出个人的基本信息，比如你所在的班级、姓名、学号和籍贯，如图 1-4-1 所示。

```
Console ✕
<terminated> Task1 [Java Application] C:\Program Files\Java\jdk-14\bin\javaw.exe (2020年3月25日 上午7:37:15 – 上午7:37:16)
班级:19软件技术3-1
姓名:张山
学号:1902030001
来自于:广东省深圳市
```

图 1-4-1 输出个人信息运行效果

1.4.2 任务实施

在 Package Explorer 视图中，鼠标右击 Java 项目下的 src 文件夹，选择"New→Package"菜单命令，弹出"New Java Package"对话框，如图 1-4-2 所示。

其中，Source folder 文本框表示项目所在的目录，Name 文本框表示包的名称，这里将包命名为 chapter14。

鼠标右击 chapter14 包，选择"New→Class"菜单命令，弹出"New Java Class"对话框，Name 文本框输入"Task1"，创建一个 Task1 类，如图 1-4-3 所示。

在"New Java Class"对话框中，选择复选框"public static void main(String[]args)"，创建 Task1 类时会自动生成 main 方法；单击"Finish"按钮，完成 Task1 类的创建；在 chapter14 包下新建一个 Task1.java 文件，建好的 Task1.java 文件会在文本编辑器中自动打开，在 Task1 类中 main 方法已经自动生成，输入想要输出信息的代码，如图 1-4-4 所示。

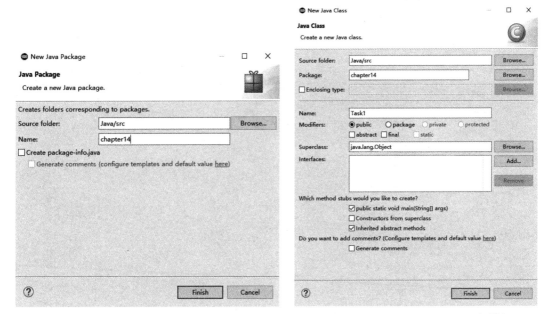

图 1-4-2　"New Java Package"对话框　　　　图 1-4-3　"New Java Class"对话框

图 1-4-4　Task1 类编写代码窗口

1.4.3 任务运行

Java 程序运行时有一个 main 函数入口，Java 的入口函数定义格式如下：public static void main（String[] args）。main 方法的参数中包含了一个 String 数组类型的参数 args，参数 args 可以在程序运行的时候通过程序的配置窗口传入。

程序编辑完成之后，鼠标右击 Package Explorer 视图中的 Task1. java 文件或者文本编辑器，选择"Run As→Run Configuration"菜单命令，弹出"Run Configurations"运行配置对话框，单击"Arguments"标签，在"Program arguments"选项区域文本框中输入信息，完成后单击"Run"按钮运行程序，如图 1-4-5 所示。

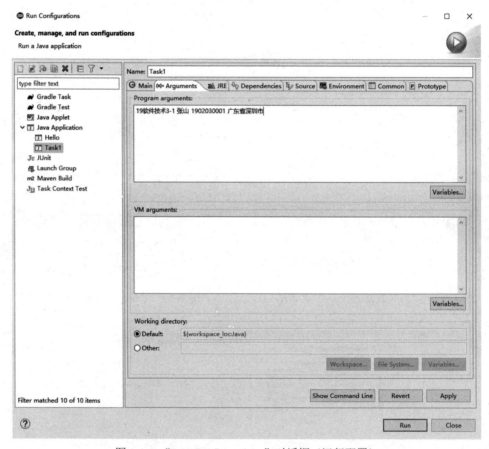

图 1-4-5 "Run Configurations"对话框（运行配置）

1.5 单元小测

1.5.1 判断题

1. JVM 把字节码程序与各种不同的操作系统和硬件分开，使得 Java 程序独立于平台。

（   ）

2. Java 的内存回收既可以由系统完成，也可以由程序员完成。（   ）

3. 内存回收程序不允许程序员直接释放内存。 （　　　）

4. "/**/"是 Java 语言的注释语句。 （　　　）

1.5.2　选择题

1. （多选题）下列描述中，正确的是（　　　）。

A. Java 要求编程者管理内存

B. Java 的安全性体现在多个层次上

C. Applet 要求在支持 Java 的浏览器上运行

D. Java 有多线程机制

2. （单选题）下面属于 Java 语言特点的是（　　　）。

A. 与平台无关　　　　　　　　B. 面向对象

C. 支持指针类型　　　　　　　D. 垃圾回收机制

3. （多选题）Java 语言不属于（　　　）。

A. 面向机器的语言　　　　　　B. 面向对象的语言

C. 面向过程的语言　　　　　　D. 面向操作系统的语言

4. （多选题）下面关于 Java 语言说法中正确的是（　　　）。

A. Java 语言是面向对象的、解释执行的网络编程语言

B. Java 语言具有可移植性，是与平台无关的编程语言

C. Java 语言不可对内存垃圾自动收集

D. Java 语言编写的程序虽然是"一次编译，到处运行"，但必须要有 Java 的运行环境

5. （单选题）要开发 Java 程序，需要安装的开发包是（　　　）。

A. JDK　　　　　　　　　　　B. Eclipse

C. Notepad　　　　　　　　　D. 记事本

6. （单选题）下列哪个是面向对象程序设计方法的特点（　　　）。

A. 抽象　　　　　　　　　　　B. 继承

C. 多态　　　　　　　　　　　D. 结构化

7. （多选题）下列说法中正确的有（　　　）。

A. 环境变量可在编译 source code 时指定

B. 在编译程序时，所能指定的环境变量包括 class path

C. javac 一次可同时编译数个 Java 源文件

D. javac.exe 能指定编译结果要置于哪个目录（directory）

8. （单选题）Java 程序的内容存放在（　　　）。

A. 类　　　　　　　　　　　　B. 方法

C. 函数　　　　　　　　　　　D. 全局变量

9. （单选题）有一段 Java 应用程序，它的主类名是 a1，那么保存它的源文件名可以是
（　　　）。

A. a1.class　　　　　　　　　B. a1.java

C. a1　　　　　　　　　　　　D. 都对

10.（单选题）Java application 中的主类需包含 main 方法，main 方法的返回类型是
（　　）。

    A. int   B. float

    C. void   D. double

11.（单选题）在 Java 编程中，Java 编译器会将 Java 程序转换为（　　）。

    A. 字节码   B. 可执行代码

    C. 机器代码   D. 以上所有选项都不正确

12.（单选题）Java 源文件和编译后的文件扩展名分别是（　　）。

    A. .class 和.java   B. .class 和.class

    C. .java 和.class   D. .java 和.java

1.5.3　编写应用程序

1. 在 Eclipse 中编写一个应用程序，输出网格图案信息，如图 1-5-1 所示。

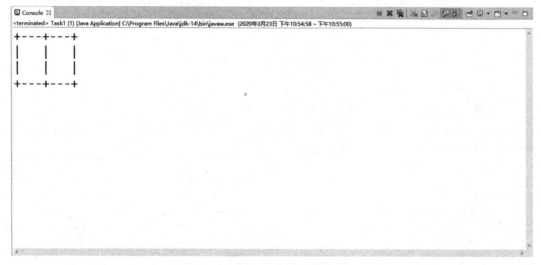

图 1-5-1　Task1 运行结果窗口

2. 在 Eclipse 中编写一个应用程序，输出圣诞树图案信息，如图 1-5-2 所示。

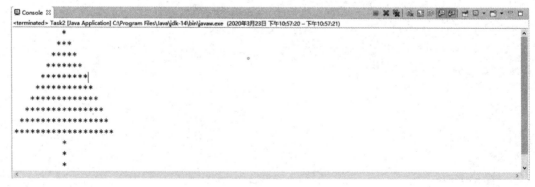

图 1-5-2　Task2 运行结果窗口

3. 在 Eclipse 中编写一个应用程序，输出爱心图案信息，如图 1-5-3 所示。

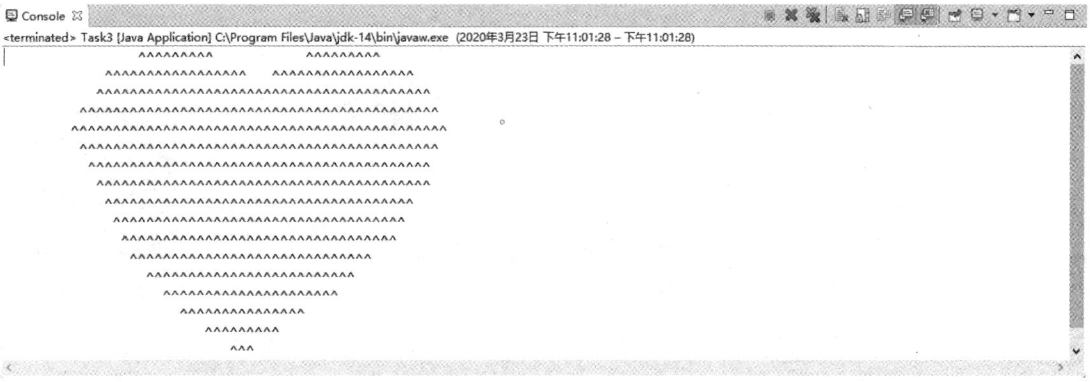

图 1-5-3　Task3 运行结果窗口

第 2 章　Java 语法

Java 语法视频

2.1　Java 基本语法

语言是计算机编程的基础，要掌握并熟练使用 Java 语言，就必须充分了解 Java 语言的基础知识。每一种编程语言都有一套自己的语法规范，Java 语言同样需要遵从一定的语法规范，如代码的书写、标识符的定义、关键字的应用等。因此，要学好 Java 语言，首先需要熟悉它的基本语法。本章将针对 Java 的基本语法进行详细的讲解。

Java 中的程序代码都必须放在一个类中，可以把类简单地理解为一个 Java 程序。如图 2-1-1 所示是 Java 程序的基本结构。类需要使用 class 关键字来定义，在 class 前面可以有一些修饰符。

修饰符　class　类名 {
　　程序代码
}
	public class JavaFormat {
	　　public static void main(String[] args) {
	　　// TODO Auto-generated method stub
	　　}
	}

图 2-1-1　Java 程序的基本结构

Java 中的程序代码可分为结构定义语句和功能执行语句，其中结构定义语句用于声明一个类或方法，功能执行语句用于实现具体的功能。每条功能执行语句的最后都必须用分号结束，如图 2-1-2 所示是功能执行语句的例子。

```
public  class Hello {
    public static void main(String[] args) {
        // TODO Auto-generated method stub
        //每条功能执行语句必须以英文的分号结束
        System.out.println("Hello Eclipse");
    }
}
```

图 2-1-2　功能执行语句的例子

Java 语言是严格区分大小写的，在定义类时，不能将 class 写成 Class，否则编译会报错，如图 2-1-3 所示。

```
public class JavaFormat {                    public Class JavaFormat {
    public static void main(String[] args) {     public static void main(String[] args) {
    // TODO Auto-generated method stub          // TODO Auto-generated method stub

    }                                            }
}                                            }
```

图 2-1-3　Java 区分大小写示例

程序中定义一个 computer 的同时，还可以定义一个 Computer，computer 和 Computer 是两个完全不同的符号，在使用时务必注意。

在编写 Java 代码时，虽然 Java 没有严格要求用什么样的格式来编排程序代码，但是出于可读性的考虑，应该让自己编写的程序代码整齐美观、层次清晰。

比如在金字塔代码中，main 方法相对 HelloPyramid 类，排版向后缩进两格，如图 2-1-4 所示。

```
public class HelloPyramid {
    public static void main(String[] args) {
        // TODO Auto-generated method stub
        System.out.println("      *");
        System.out.println("     ***");
        System.out.println("    *****");
        System.out.println("   *******");
        System.out.println("  *********");
        System.out.println(" ***********");
        System.out.println("*************");

    }

}
```

图 2-1-4　Java 排版格式

main 方法的左括号在方法中用于定义行，右括号必须与 main 方法首字母对齐。

main 方法里面的功能执行语句相对 main 方法，排版向后缩进两格。

在 Eclipse 中，选中所有代码后，在文本编辑器中单击鼠标右键，选择"source->format"菜单命令可以对代码进行自动排版。在编程过程中，经常需要在程序中定义一些符号来标记一些名称，如包名、类名、方法名、参数名、变量名等，这些符号被称为标识符。如图 2-1-5 所示是标识符的定义实例。

```
public class HelloPyramid {                    public class HelloPyramid {
    public static void main(String[] args) {       public static void main(String[] args) {
    // TODO Auto-generated method stub            // TODO Auto-generated method stub
    int num;                                      int 123num;
    int num123;                                   int class;
    int num_123;                                  int public;
    int _num_123;                                 int 98.3;
    int $_num_123;                              }
    }                                          }
}
```

图 2-1-5　标识符的定义实例

标识符可以由任意顺序的大小写字母、数字、下划线（_）和美元符号（$）组成，但标识符不能以数字开头，不能是 Java 中的关键字。

Java 的标识符除了满足 Java 的规范外，为了增强代码的可读性，在定义标识符时还应该遵循以下规则。如图 2-1-6 所示是标识符定义的一个实例。

图 2-1-6　标识符定义的一个实例

包名所有字母一律小写，如 chapter2；类名和每个单词的首字母都要大写，例如 JavaFormat；变量名和方法名的第一个单词首字母小写，从第二个单词开始每个单词首字母大写，如 iNum；在程序中，应该尽量使用有意义的英文单词来定义标识符，使得程序便于阅读，例如，使用 userName 表示用户名，passWord 表示密码。

关键字是编程语言里事先定义好并予以特殊含义的单词，也称作保留字。和其他语言一样，Java 中保留了许多关键字，如 class、public 等。如图 2-1-7 所示，列举的是 Java 中所有的关键字。

abstract	boolean	break	byte	case
catch	char	const	class	continue
default	do	double	else	extends
false	final	finally	float	for
goto	if	implements		import
instanceof	int	interface	long	native
new	null	package	private	
protected	public	return	short	static
strictfp	super	switch	this	throw
throws	transient	true	try	void
volatile	while	synchronized		

图 2-1-7　Java 关键字

每个关键字都有特殊的作用，例如，package 关键字用于包的声明，import 关键字用于引入包，class 关键字用于类的声明。所有的关键字都是小写的，程序中的标识符不能以关键字命名。

学完 Java 的基本语法后，请指出图 2-1-8 所示的代码中，哪些标识符不符合 Java 规范。

```
public class HelloPyramid {
    public static void main(String[] args) {
        // TODO Auto-generated method stub
        int a1b2c3;
        int a#b$c;
        int _123;
        int ttt;
    }
}
```

图 2-1-8　Java 标识符实例

int a#b$c 不符合规范，因为标识符只能由数字、字符、下划线和$组成。

总结：本节首先介绍了 Java 的类命名格式、执行语句的格式、排版的要求，然后通过实例讲述了 Java 的命名规范和常用的标识符命名方式，最后介绍了 Java 语言中的关键字。

2.2　常量和变量

常量和变量视频

计算机中的所有信息通过数据来存储，Java 中使用常量和变量来存储程序运行中的数据。本节主要介绍 Java 常量和变量的分类和使用方法，以及 Java 变量的自动转换和强制转换。

2.2.1　常量

常量就是在程序中固定不变的值，是不能改变的数据，例如数字 1、字符 a'、浮点数 3.2 等。在 Java 中，常量包括整型常量、浮点数常量、布尔常量、字符常量等。如图 2-2-1 所示是常量的分类。

整型常量是整数类型的数据，有二进制、八进制、十进制和十六进制 4 种表示形式。如图 2-2-2 所示是整数 31 在不同进制下的表示方式。

图 2-2-1　常量的分类　　　　　图 2-2-2　整数 31 在不同进制下的表示方式

二进制：由数字 0 和 1 组成的数字序列。前面要以 0b 或 0B 开头，目的是和十进制进行区分。31 在二进制中可以表示为 0b11111。

八进制：以 0 开头并且其后由 0~7 范围内（包括 0 和 7）的整数组成的数字序列。31 在八进制中可以表示为 037。

十进制：由数字 0~9 范围内（包括 0 和 9）的整数组成的数字序列。31 在十进制可以表示为 31。

十六进制：以 0x 开头并且其后由 0~9、A~F 组成的数字序列。31 在十六进制中可以表示为 0x1F。

在 Eclipse 中使用四种进制方法分别定义了整数常量 a、b、c、d；运行程序 a、b、c、d 输出的都是 31，如图 2-2-3 所示。

浮点数常量就是在数学中用到的小数，分为 float 单精度和 double 双精度两种类型。其中，单精度浮点数后面以 F 或 f 结尾，双精度浮点数后面以 D 或 d 结尾。在使用浮点数时在结尾处不加任何后缀的话，默认为 double 双精度浮点数。如图 2-2-4 所示是一个具体的浮点数实例。

图 2-2-3　不同进制的表示实例

图 2-2-4　浮点数实例

1234.56789 这个单精度浮点数可以用 1234.56789f 来表示，也可以使用指数，比如 1.23456789e3F 来表示。12345678.123456789 这个双精度浮点数可以用 12345678.123456789d 来表示，也可以使用指数，比如 1.2345678123456789e+7D 来表示。

字符常量用于表示一个字符，一个字符常量要用一对英文半角格式的单引号引起来，它可以是英文字母、数字、标点符号及由转义序列来表示的特殊字符。如图 2-2-5 所示是一个字符实例。

b 代表字符；9 代表数字；\代表转义字符，其中\r 代表字符换行，\u0000 代表空白字符，\n 代表回车，\t 代表补全当前字符长度到 8 的倍数；$符号代表其他的字符。

字符串常量用于表示一串连续的字符，一个字符串常量要用一对英文半角格式的引号""引起来。字符串是由英文字母、数字、标点符号以及转义字符组合而成的，如图 2-2-6 所示是字符串常量的一个实例，其中\n 在字符串中不会直接显示，输出的过程中，直接回车。

布尔常量即布尔型的两个值 true 和 false，该常量用于区分一个事物的真与假，如图 2-2-7 所示是布尔常量的一个实例，true 代表真，false 代表假。

null 常量只有一个值 null，表示对象的引用为空。如图 2-2-8 所示是 null 常量的一个实例，由于 a 为 null 常量，在打印 a 的时候会出现访问异常。

```java
2 public class CharFormat {
3   public static void main(String[] args) {
4       // TODO Auto-generated method stub
5       char a='b';//字符
6       char b='9';//数字
7       char c='\r';//转义字符换行
8       char d='\u0000';//转义字符空白
9       char e='\n';//转义字符回车
10      char f='\t';//转义字符 补全当前字符串长度到8的整数
11      char g='$';//g的前面位置正好是8个字符
12      System.out.print("a="+a);
13      System.out.print("b="+b);
14      System.out.print("c="+c);
15      System.out.print("d="+d);
16      System.out.print("e="+e);
17      System.out.print("f="+f);
18      System.out.print("g="+g);
19  }
```

```
<terminated> CharFormat [Java Application] C:\Program Files\Java\jdk1.8.0_191\bin\javaw.exe (2019年9月7日 下午4:
a=bb=9c=
d= e=
f=       g=$
```

图 2-2-5　字符实例

```java
1 package chapter2;
2 public class StringFormat {
3   public static void main(String[] args) {
4       // TODO Auto-generated method stub
5       String a="Hello Eclipse";
6       String b="123$";
7       String c="Welcome\nEclipse";  转义字符\n
8       System.out.println("a="+a);
9       System.out.println("b="+b);
10      System.out.println("c="+c);
11  }
```

```
<terminated> StringFormat [Java Application] C:\Program Files\Java\jdk1.8.0_191\bin\javaw.exe (2019年9月7
a=Hello Eclipse
b=123$
c=Welcome
Eclipse         转义字符\n不会显示，直接回车
```

图 2-2-6　字符串常量实例

```java
1 package chapter22;
2 public class BooleanFormat {
3   public static void main(String[] args) {
4       // TODO Auto-generated method stub
5       boolean a=true;
6       boolean b=false;
7       System.out.println("a="+a);
8       System.out.println("b="+b);
9   }
10 }
```

```
<terminated> Bo
a=true
b=false
```

图 2-2-7　布尔常量实例

```java
1 package chapter2;
2 public class NullFormat {
3   public static void main(String[] args) {
4       // TODO Auto-generated method stub
5       int a=(Integer) null;    a为空
6       System.out.print("a="+a);
7   }
8 }
```

```
<terminated> NullFormat [Java Application] C:\Program Files\Java\jdk1.8.0_191\bin\javaw.exe (2019年9月7日 下午5:24:42)
Exception in thread "main" java.lang.NullPointerException
    at chapter2.NullFormat.main(NullFormat.java:5)
                          访问异常
```

图 2-2-8　null 常量实例

2.2.2　变量

在程序运行期间，随时可能产生一些临时数据，应用程序会将这些数据保存在内存单元中。每个内存单元都用一个标识符来标识，这些内存单元被称为变量，定义的标识符就是变量名，内存单元中存储的数据就是变量的值。

下面通过一个具体的实例来学习变量的定义，如图 2-2-9 所示。

第 5 行和第 6 行代码的作用是定义了两个变量 a 和 b，也就相当于分配了两块内存单元，在定义变量的同时为变量 a 分配了一个初始值 2，变量 b 分配一个初始值 4，变量 a 和 b 在内存中的状态如图 2-2-10 所示。

执行第 7 行代码时，程序首先取出变量 b 的值，与 2 相加后，将结果赋值给变量 a，此时变量 a 在内存中的状态发生了变化，变成了 6。执行第 8 行代码时，程序首先取出变量 a 的值，与 2 相加后，将结果赋值给变量 b，此时变量 b 在内存中的状态发生了变化。

```java
2 public class VarDefine {
3   public static void main(String[] args) {
4       // TODO Auto-generated method stub
5       int a=2;
6       int b=4;
7       a=b+2;
8       b=a+2;
9       System.out.println("a="+a);
10      System.out.println("b="+b);
11  }
12 }
```

```
<terminated> VarDefine [Java Application] C:\Program Files\Java\jdk-14\bin\java
a=6
b=8
```

图 2-2-9　变量实例

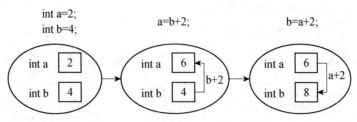

图 2-2-10　变量 a 和 b 内存中的状态

Java 是一门强类型的编程语言，它对变量的数据类型有严格的限定。在定义变量时必须声明变量的类型，在为变量赋值时必须赋予和变量同一种类型的值，否则程序会报错。

在 Java 中变量的数据类型分为两种，即基本数据类型和引用数据类型，如图 2-2-11 所示。Java 中整数类型（byte、short、int、long）、浮点数类型（float、double）、字符类型、字符串类型、布尔类型在任何操作系统中都具有相同大小和属性，而引用数据类型是在 Java 程序中由编程人员自己定义的变量类型。

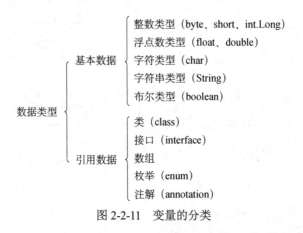

图 2-2-11　变量的分类

Java 中，为了给不同大小范围内的整数合理地分配存储空间，整数类型分为 4 种不同的类型：字节型（byte）、短整型（short）、整型（int）和长整型（long）；4 种类型所占存储空间的大小如图 2-2-12 所示。使用 Byte.SIZE 获取字节型（byte）占用 1 个字节，使用 Short.SIZE 获取短整型（short）占用 2 个字节，使用 Integer.SIZE 获取整型（int）占用 4 个字节，使用 Long.SIZE 获取长整型（long）占用 8 个字节。

浮点数变量就是我们在数学中用到的小数，分为 float 单精度和 double 双精度两种类型。其中，单精度浮点变量赋值后面以 F 或 f 结尾，双精度浮点变量赋值后面以 D 或 d 结尾。如图 2-2-13 所示是整型变量的一个具体实例，使用 Float.SIZE 获取 Float 类型的大小为 4 个字节，使用 Double.SIZE 获取 double 双精度的大小为 8 个字节。

字符类型变量用于存储一个单一字符，在 Java 中用 char 表示，Java 中每个 char 类型的字符变量都会占用 2 个字节。在给 char 类型的变量赋值时，需要用一对英文半角格式的单引号把字符括起来，也可以将 char 类型的变量赋值为 0~65535 范围内的整数，计算机会自动将这些整数转化为所对应的字符。如图 2-2-14 所示，图中数字 97 代表字符'a'。

```
package chapter2;

public class IntVar {
    public static void main(String[] args) {
        System.out.println("The size of Byte is "+Byte.SIZE);
        System.out.println("The min value of Byte is "+Byte.MIN_VALUE);
        System.out.println("The max value of Byte is "+Byte.MAX_VALUE);
        System.out.println("The size of Short is "+Short.SIZE);
        System.out.println("The min value of Short is "+Short.MIN_VALUE);
        System.out.println("The max value of Short is "+Short.MAX_VALUE);
        System.out.println("The size of Integer is "+Integer.SIZE);
        System.out.println("The min value of Integer is "+Integer.MIN_VALUE);
        System.out.println("The max value of Integer is "+Integer.MAX_VALUE);
        System.out.println("The size of Long is "+Long.SIZE);
        System.out.println("The min value of Long is "+Long.MIN_VALUE);
        System.out.println("The max value of Long is "+Long.MAX_VALUE);
    }
}
```

Byte / Short / int / Long

Problems @ Javadoc Declaration Console
<terminated> IntVar [Java Application] C:\Program Files\Java\jdk1.8.0_191\bin\javaw.exe (2019年9月7日 下午11:13:48)

```
The size of Byte is 8
The min value of Byte is -128          byte类型 1 个字节，最小值-128，最大值127
The max value of Byte is 127
The size of Short is 16
The min value of Short is -32768       short类型 2 个字节，最小值-32768，最大值32767
The max value of Short is 32767
The size of Integer is 32
The min value of Integer is -2147483648   int类型4 个字节
The max value of Integer is 2147483647
The size of Long is 64
The min value of Long is -9223372036854775808   long类型8 个字节
The max value of Long is 9223372036854775807
```

图 2-2-12　整数类型存储空间大小

```
package chapter2;

public class DoubleVar {
    public static void main(String[] args) {
        System.out.println("The size of Float is "+Float.SIZE);
        System.out.println("The min value of Float is "+Float.MIN_VALUE);
        System.out.println("The max value of Float is "+Float.MAX_VALUE);
        System.out.println("The size of Double is "+Double.SIZE);
        System.out.println("The min value of Double is "+Double.MIN_VALUE);
        System.out.println("The max value of Double is "+Double.MAX_VALUE);
    }
}
```

Float类型 / Double 类型

Problems @ Javadoc Declaration Console
<terminated> DoubleVar [Java Application] C:\Program Files\Java\jdk1.8.0_191\bin\javaw.exe (2019年9月7日 下午11:26:15)

```
The size of Float is 32
The min value of Float is 1.4E-45          float类型的大小为4个字节
The max value of Float is 3.4028235E38
The size of Double is 64
The min value of Double is 4.9E-324        double类型的大小为8个字节
The max value of Double is 1.7976931348623157E308
```

图 2-2-13　整型变量示例

```
public class CharVar {
    public static void main(String[] args) {
        // TODO Auto-generated method stub
        char a=97;
        char b='a';
        System.out.println("a="+a);
        System.out.println("b="+b);
    }
}
```

Console
<terminated> CharVar [Java Application] C:\Program Files\Java\jdk-14\bin\javaw.

```
a=a
b=a
```

图 2-2-14　字符类型变量

字符串变量用于存储一串连续的字符。字符串变量可以存储英文字母、数字、标点符号及转义字符组合而成的字符串。如图 2-2-15 所示是字符串变量的一个实例,字符串变量 c 存储了英文字母和转义字符的组合,其中\n 在字符串中不会直接显示,输出的过程中,直接回车。

布尔类型变量存储布尔类型的两个值 true 和 false,该变量用于区分一个事物的真与假。如图 2-2-16 所示是布尔类型变量的一个实例,true 代表真,false 代表假,布尔变量 a 和 b 分别存储了 true 和 false。

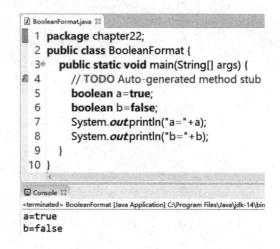

图 2-2-15　字符串变量示例　　　　　　　图 2-2-16　布尔类型变量示例

在程序中,当把一种数据类型的值赋给另一种数据类型的变量时,需要进行数据类型转换。根据转换方式的不同,数据类型转换可分为两种:自动类型转换和强制类型转换。

自动类型转换也叫隐式类型转换,指的是两种数据类型在转换的过程中不需要显式地进行声明。要实现自动类型转换,必须同时满足两个条件:一是两种数据类型彼此兼容;二是目标类型的取值范围大于源类型的取值范围。

如图 2-2-17 所示是一个自动转换实例。将 byte 类型的变量 a 的值赋给 int 类型的变量 a,由于 int 类型的取值范围大于 byte 类型的取值范围,编译器在赋值过程中不会造成数据丢失,所以编译器能够自动完成这种转换,在编译时不报告任何错误。

还有很多类型之间可以进行自动类型转换,接下来就列出 3 种可以进行自动类型转换的情况。如图 2-2-18 所示,整数类型之间可以实现转换,如 byte 类型可以赋值给 short、int、long 类型。

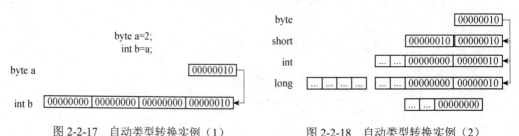

图 2-2-17　自动类型转换实例（1）　　　　图 2-2-18　自动类型转换实例（2）

强制类型转换也叫显式类型转换，指的是两种数据类型之间的转换需要进行显式声明。

当两种类型彼此不兼容，或者目标类型取值范围小于源类型时，自动类型转换无法进行，这时就需要进行强制类型转换。

如图 2-2-19 所示的例子中，出现了编译错误，报告第 6 行代码可能损失精度，出现这样错误的原因是将 int 型的值 b 赋给 byte 类型的变量 a 时，int 类型的取值范围大于 byte 类型的取值范围。

如图 2-2-20 所示是强制类型转换的实例，第 6 行发生了强制类型转换，将一个 int 类型的变量 a 强制转换成 byte 类型，然后再将强制类型转换后的结果赋值给变量 a。

图 2-2-19　自动类型转换错误实例　　　　图 2-2-20　强制类型转换实例

从运行结果可以看出变量 b 本身的值为 328，然而在赋值给变量 a 后，其值为 72，明显丢失了精度。出现这种现象的原因是，变量 b 为 int 类型变量，在内存中占用 4 个字节，byte 类型的数据在内存中占用 1 个字节。

int 类型转 byte 类型的过程如图 2-2-21 所示，当将变量 b 的类型转为 byte 类型后，前面 3 个高位字节的数据丢失，数值发生改变。

图 2-2-21　int 类型转 byte 类型的过程

总结：本小节首先介绍了 Java 的常量的分类和使用方法，然后通过实例讲述了 Java 的变量的分类及各种类型的空间大小，最后介绍了 Java 的变量的类型转换。

2.2.3　单元实训

1. 实训任务

现有计算公式：$F=(9/5)C+32$，式中，C 表示摄氏温度，F 表示华氏温度。在 Eclipse 中编写一个应用程序，从键盘中读取摄氏温度，计算并输出华氏温度。如图 2-2-22 所示是程序的框架代码。程序完成后的运行结果如图 2-2-23 所示。

```
package chapter22;
import java.util.Scanner;
public class Task1 {
        public static void main(String[] args) {
            // TODO Auto-generated method stub
            Scanner mScanner=new Scanner(System.in);
            System.out.println("请输入摄氏温度:");
            float cTep=mScanner.nextFloat();
            System.out.println("输入摄氏温度为:"+cTep);
            // write your own codes


        }
    }
```

图 2-2-22　华氏温度转换程序的框架代码

Console ☒

<terminated> Task1 (2) [Java Application] C:\Program Files\Java\jdk-14\bin\javaw.exe　(2020年3月

请输入摄氏温度：
36.6
输入摄氏温度为：36.6
转换为华氏温度为：97.88

图 2-2-23　华氏温度转换运行结果

2. 编程过程

在 Eclipse 中创建包 chapter22，在包 chapter22 下创建类 Task1。

在 main 方法中定义并初始化键盘输入扫描类对象 Scanner mScanner。

将键盘输入的摄氏温度转换为 float 类型变量 cTep。

根据 $F=(9/5)C+32$ 转换公式计算出华氏温度 fTep。

输出华氏温度的信息。

3. 编程源代码

华氏温度转换源代码如图 2-2-24 所示。

```
package chapter22;
import java.util.Scanner;
public class Task1 {
        public static void main(String[] args) {
            // TODO Auto-generated method stub
            Scanner mScanner=new Scanner(System.in);
            System.out.println("请输入摄氏温度:");
            float cTep=mScanner.nextFloat();
            System.out.println("输入摄氏温度为:"+cTep);
            float fTep=cTep*9/5+32;
            System.out.println("转换为华氏温度为:"+fTep);
        }
    }
```

图 2-2-24　华氏温度转换源代码

2.3　运算符和表达式

运算符和表达式
视频

2.3.1　算术运算符

在程序中经常出现一些特殊符号，如+、-、*、/、=、>、=等，这些特殊符号称作运算符；运算符用于对数据进行算术运算、赋值和比较等操作。在 Java 中，运算符可分为算术运算符、赋值运算符、比较运算符、逻辑运算符和位运算符。本节我们介绍这几种运算符及运算符之间的优先级。

在数学运算中最常见的就是加减乘除，被称作四则运算，Java 中的算术运算符就是用来处理四则运算的符号，这是最简单、最常用的运算符号，如图 2-3-1 所示是算术运算符的分类及示例。

#	运算符	运 算	范 例	结 果
1	+	正号	a=+3;	a=3
2	-	负号	a=3;b=-a;	b=-3
3	+	加	a=4+3;	a=7
4	-	减	a=4-3;	a=1
5	*	乘	a=4*3;	a=12
6	/	除	a=5/3;	a=1
7	%	取模	a=5%3;	a=2
8	++	自增加（前）	a=2;b=++a;	a=2;a++;b=a;运行结果：a=2;b=3
9	++	自增加（后）	a=2;b=a++;	a=2; b=a; a++;运行结果：a=3;b=2
10	--	自减少（前）	a=2;b=--a;	a=2;a--;b=a;运行结果：a=1;b=1
11	++	自减少（后）	a=2;b=a--;	a=2; b=a; a--;运行结果：a=1;b=2

图 2-3-1　算术运算符的分类及范例

（1）"a=+3;"结果就是 a=3。

（2）a=3;b=-a;"结果就是 b=-3。

（3）"a=4+3;"结果就是 a=7。

（4）"a=4-3;"结果就是 a=1。

（5）"a=4*3;"结果就是 a=12。

（6）"a=5/3;"除号代表求商；结果就是 a=1。

（7）"a=5%3;"百分号代表求余数；结果就是 a=2。

（8）"a=2;b=++a;"自增加在前，代表先自加，再赋值；运算的顺序是"a=2;a++;b=a;"，运行结果：a=2;b=3。

（9）"a=2;b=a++;"自增加在后，代表先赋值，再自加；运算的顺序是"a=2;b=a;a++;"，运行结果：a=3;b=2。

（10）"a=2;b=--a;"自减小在前，代表先减小，再赋值；运算的顺序是"a=2;a--;b=a;"，运行结果：a=1;b=1。

（11）"a=2;b=a--;"自减小在后，代表先赋值，再减小；运算的顺序是"a=2;b=a;a--;"运行结果：a=1;b=2。

如图 2-3-2 所示的代码块运行结果为"b=4、c=5"，具体分析如下：在上述代码中，定义了 3 个 int 类型的变量 a、b、c。其中 a=2、b=3，当进行"a+b ++"运算时，由于运算符

++写在了变量 b 的后面，属于先运算再自增，因此变量 b 在参与加法运算时其值仍然为 2，c 的值应为 5，变量 b 在参与运算之后会进行自增，因此 b 的最终值为 4。

```
 2  public class Arith {
 3      public static void main(String[] args) {
 4          // TODO Auto-generated method stub
 5          int a=2;
 6          int b=3;
 7          int c=a+b++;//代码等同于int c=a+b;b++;
 8          System.out.println("b="+b);
 9          System.out.println("c="+c);
10      }
11  }
```

Problems @ Javadoc Declaration Console ⌧
\<terminated> Arith [Java Application] C:\Program Files\Java\jdk1.8.0_191\bin\javaw.exe (2019年9月1:
b=4
c=5

图 2-3-2　算术运算符实例 1

下面看一个算术运算符的案例，如图 2-3-3 所示。下列代码执行后，变量 c 的值为多少？

```
public class Test {
    public static void main(String[] args) {
        // TODO Auto-generated method stub
        int a=2;
        int b=3;
        int c=(a++)+(++b);
        System.out.println("c="+c);
    }
}
```

图 2-3-3　算术运算符实例 2

c 进行运算的时候，a++的值为 2，++b 的值为 4，因此 c 为 6。

下面再看一个算术运算符的案例，如图 2-3-4 所示。下列代码执行后，变量 c 的值为多少？

```
public class Test {
    public static void main(String[] args) {
        // TODO Auto-generated method stub
        int a=2;
        int b=3;
        int c=(++a)+(--b);
        System.out.println("c="+c);
    }
}
```

图 2-3-4　算术运算符实例 3

c 进行运算的时候，++a 的值为 3，--b 的值为 2，因此 c 为 5。

如图 2-3-5 所示是算术运算符取余的一个案例，下列代码执行后，变量 c 的值为多少？

```java
package chaper23;
public class Arith2 {
    public static void main(String[] args) {
        // TODO Auto-generated method stub
        int a=450;
        int b=100;
        int c=a/b*b;
        System.out.println("c="+c);

    }
```

c=400

图 2-3-5　算术运算符取余实例

在上述代码中，由于表达式的执行顺序是从左到右的，所以先执行除法运算 450/100，得到的结果为 4，再乘以 100，得到的结果自然就是 400 了。

2.3.2　赋值运算符

赋值运算符的作用就是将常量、变量或表达式的值赋给某一个变量。如图 2-3-6 所示为赋值运算符及其用法，在赋值过程中，运算顺序从右往左，将右边表达式的结果赋值给左边的变量。

#	运算符	运算	范例	结果
1	&	与	true & true true & false	true false
2	|	或	true | false false | false	true false
3	^	异或	true ^ true true ^ false	false true
4	!	非	! true ! false	false true
5	&&	短路与	true && true true && false	true false
6	||	短路或	true || false false|| false	true false

图 2-3-6　赋值运算符及其用法

（1）"a=4;b=3;" 结果就是 a=4;b=3。

（2）"a=4;b=3;a+=b;" 结果就是 a=7。

（3）"a=4;b=3;a-=b;" 结果就是 a=1。

（4）"a=4;b=3;a*=b;" 结果就是 a=12。

（5）"a=4;b=3;a/=b;" 结果就是 a=1。

（6）"a=5;b=3;a%=b;" 结果就是 a=2。

2.3.3 比较运算符

比较运算符用于对两个数值或变量进行比较，其结果是一个布尔值，即 true 或 false。如图 2-3-7 所示是比较运算符及其用法。

#	运算符	运算	范例	结果
1	==	相等于	5==3;	false
2	!=	不等于	5!=3;	true
3	<	小于	5<3;	false
4	>	大于	5>3;	true
5	<=	小于等于	5<=3;	false
6	>=	大于等于	5>=3;	true

图 2-3-7　比较运算符及其用法

（1）"5==3;"表达式的结果是 false。

（2）"5!=3;"表达式的结果是 true。

（3）"5<3;"表达式的结果是 false。

（4）"5>3;"表达式的结果是 true。

（5）"5<=3;"表达式的结果是 false。

（6）"5>=3;"表达式的结果是 true。

2.3.4 逻辑运算符

逻辑运算符用于对布尔型的数据进行操作，其结果仍是一个布尔型。如图 2-3-8 所示是 Java 中的逻辑运算符及其用法，逻辑运算符可以针对结果为布尔值的表达式进行运算。

#	运算符	运算	范例	结果
1	&	按位与	0 & 1 1& 1	0 1
2	|	按位或	0| 1 0 | 0	1 0
3	^	按位异或	0^ 0 1^ 0	0 1
4	~	按位取反	~0 ~1	1 0
5	<<	左移	00000010<<2 10010011<<2	00001000 01001100
6	>>	右移	00001000>>2 01001100>>2	00000010 00010011

图 2-3-8　逻辑运算符及其用法

（1）运算符&表示逻辑与操作，仅当运算符两边的操作数都为 true 时，其结果才为 true，否则结果为 false。

（2）运算符|表示逻辑或操作，只要运算符两边的操作数有一个为 true 时，其结果就为 true；只有当运算符两边的操作数都为 false 时，其结果才为 false。

（3）运算符^表示逻辑异或操作，运算符两边的操作数相同时，其结果才为 false；两边的操作数不相同时，结果为 true。

（4）运算符&&表示短路逻辑与操作，仅当运算符两边的操作数都为 true 时，其结果才为 true，否则结果为 false。

（5）运算符||表示短路逻辑或操作，只要运算符两边的操作数有一个为 true 时，其结果就为 true；运算符两边的操作数都为 false 时，其结果为 false。

（6）运算符!表示逻辑非操作，可以对当前的表达式的值取反。

下面我们看一个逻辑运算符实例，如图 2-3-9 所示。

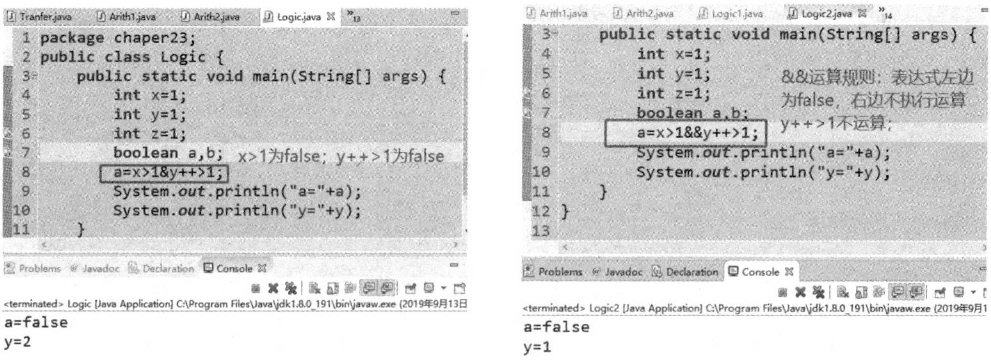

图 2-3-9　逻辑运算符实例

运算符&和&&都表示与操作，当且仅当运算符两边的操作数都为 true 时，其结果才为 true，否则结果为 false。

当运算符&和&&的右边为表达式时，两者在使用上还有一定的区别，在使用&进行运算时，不论左边为 true 或者 false，右边的表达式都会进行运算。

如果使用&&进行运算，当左边为 false 时，右边的表达式不会进行运算。在以上这个实例中，使用&&进行计算时，x>1 这个表达式不成立，右边表达式 y++>1 不执行运算，因此最后的结果中 y 的值为 1。

下面我们再看一个案例，如图 2-3-10 所示。下列代码执行后，变量 a 和 y 的值为多少？

```
public class Test {
    public static void main(String[] args) {
        // TODO Auto-generated method stub
        int x = 1;
        int y = 1;
        boolean a;
        a = ++x> 1 && y++ > 1;
    }
}
```

图 2-3-10　逻辑运算符实例 1

在这个实例中，使用&&进行计算时，++x>1 这个表达式 x 先自加 1 变成 2，++x>1 成立，右边表达式 y++>1 执行运算，y++>1 表达式不成立，之后 y 才加 1；因此，y 的值为

2，a 的值为 false。

下面我们再看一个案例，如图 2-3-11 所示。下列代码执行后，变量 a 和 y 的值为多少？

```
public class Test {
    public static void main(String[] args) {
        // TODO Auto-generated method stub
        int x = 1;
        int y = 1;
        boolean a;
        a = x> 1 ||y++ > 1;
    }
}
```

图 2-3-11　逻辑运算符实例 2

在这个实例中，使用||进行计算时，x>1 这个表达式不成立，右边表达式++y>1 执行运算，y++>1 不成立，y 加 1 等于 2；因此，y 的值为 2，a 的值为 true。

下面我们再看一个案例，如图 2-3-12 所示。下列代码执行后，变量 a 和 y 的值为多少？

```
public class Test {
    public static void main(String[] args) {
        // TODO Auto-generated method stub
        int x = 1;
        int y = 1;
        boolean a;
        a = ++x> 1 || y++ > 1;
    }
}
```

图 2-3-12　逻辑运算符实例 3

在这个实例中，使用||进行计算时，++x>1 这个表达式 x 先自加 1 变成 2，++x>1 成立，右边表达式 y++>1 不执行运算；因此，y 的值为 1，a 的值为 true。

2.3.5　位运算符

位运算符是针对二进制数的每一位进行运算的符号，它是专门针对数字 0 和 1 进行操作的。Java 中的位运算符及其范例如图 2-3-13 所示。

（1）运算符&表示按位与操作，仅当运算符两边的操作数都为 1 时，其结果才为 1，否则结果为 0。

（2）运算符|表示按位或操作，只要运算符两边的操作数有一个为 1 时，其结果就为 1；运算符两边的操作数都为 0 时，其结果为 0。

（3）运算符^表示按位异或操作，运算符两边的操作数相同时，其结果为 0；两边的操作数不相同时，结果为 1。

（4）运算符~表示按位取反操作，运算符~操作数为 0 时，其结果为 1；运算符~操作数为 1 时，其结果为 0。

（5）运算符<<表示按位左移操作，左移操作将所有的位向左边移动，00000010 左移 2 位变为 00001000，相当于扩大了 2 的 2 次方。

（6）运算符>>表示按位右边操作，右移操作将所有的位向右边移动，00001000 右移 2 位变为 00000010，相当于缩小了 2 的 2 次方。

#	运 算 符	运 算	范 例	结 果
1	&	按位与	0 & 1 1& 1	0 1
2	|	按位或	0| 1 0 | 0	1 0
3	^	按位异或	0^ 0 1^ 0	0 1
4	~	按位取反	~0 ~1	1 0
5	<<	左移	00000010<<2 10010011<<2	00001000 01001100
6	>>	右移	00001000>>2 01001100>>2	00000010 00010011

图 2-3-13　Java 中的位运算符及其范例

2.3.6　运算符优先级

在对一些比较复杂的表达式进行运算时，要明确表达式中所有运算符参与运算的先后顺序，我们把这种顺序称作运算符的优先级。

如图 2-3-14 所示为 Java 中运算符的优先级，数字越小优先级越高，单运算符的优先级高于二位运算符，赋值运算符的优先级最低。

优先级	运 算 符
1	. [] ()
2	++ -- ~!
3	* / %
4	+ -
5	<< >>
6	< > <= >=
7	== !=
8	&
9	^
10	| &&
11	||
12	= += -+ *= /= %=

图 2-3-14　Java 中运算符的优先级

没有必要去记运算符的优先级。编写程序时，尽量使用括号（）来实现想要的运算顺序，以免产生歧义。下面我们看一个关于运算符优先级的案例，如图 2-3-15 所示。下列代码执行后，变量 c 的值为多少？

```java
public class Test {
    public static void main(String[] args) {
        // TODO Auto-generated method stub
        int a=2;
        int b=3;
        int c=a+++b;
        System.out.println("c="+c);
    }
}
```

图 2-3-15　运算符优先级案例

c 进行运算的时候，++优先级高于+；c=a+++b 相当于（a++）+b；因此先计算 a+b，c 的值为 5。这个案例中代码应该写为 c=（a++）+b，这样代码才清晰不会有歧义。

总结：本小节首先介绍了 Java 的各种运算符，然后通过具体的实例讲述了 Java 的运算符的使用方法，最后介绍了 Java 的运算符优先级顺序。

2.4　单元实训

2.4.1　实训任务

输入一个大写英文字母，输出相应的小写字母。例如，输入大写字符 G，输出小写字符 g，ASCII 码中小写字母与大写字母的值的差为 32，'a'-'A' = 32。如图 2-4-1 所示是大小写字符转换的框架代码。

```java
package chapter23;
import java.io.IOException;
import java.util.Scanner;
public class Task1 {
    public static void main(String[] args) {
        // TODO Auto-generated method stub
        Scanner mScanner=new Scanner(System.in);
        System.out.println("请输入大写字母:");
        char chUpper=mScanner.next().charAt(0);
        System.out.println("输入大写字母为:"+chUpper);
        // write your own codes

    }
}
```

图 2-4-1　大小写字符转换框架代码

程序完成后的效果如图 2-4-2 所示。

Console ✕
\<terminated> Task1 (3) [Java Application]
请输入大写字母：
G
输入大写字母为：G
转换为小写字母为：g

Console ✕
\<terminated> Task1 (3) [Java Application]
请输入大写字母：
A
输入大写字母为：A
转换为小写字母为：a

图 2-4-2　大小写字符转换运行效果

2.4.2　编程过程

在 Eclipse 中创建包 chapter23，在包 chapter23 下创建类 Task1。

在 main 方法中定义并初始化键盘输入扫描类对象 Scanner mScanner。

将键盘输入的字符转换为 String 字符串，从 String 字符串获取字符并赋值给字符变量 chUpper。

根据'a'−'A' = 32 大小写字符转换公式计算出小写字符变量 chLower。

输出小写字符变量 chLower 的信息。

2.4.3　编程源代码

编程源代码如图 2-4-3 所示。

```java
package chapter23;
import java.io.IOException;
import java.util.Scanner;
public class Task1 {
    public static void main(String[] args) {
        // TODO Auto-generated method stub
        Scanner mScanner=new Scanner(System.in);
        System.out.println("请输入大写字母:");
        char chUpper=mScanner.next().charAt(0);
        System.out.println("输入大写字母为:"+chUpper);
        // write your own codes
        char chLower=(char) (chUpper+32);
        System.out.println("转换为小写字母为:"+chLower);
    }
}
```

图 2-4-3　大小写字符转换源代码

2.5　单元小测

2.5.1　判断题

1. 2.5d 是 float 数据类型。　　　　　　　　　　　　　　　　　　　　　　（　　）
2. char 类型采用 Unicode 编码，每个字符占 2 个字节。　　　　　　　　　（　　）
3. int 是 Java 的原始数据类型，integer 是 Java 为 int 提供的封装类。Java 为每个原始类型提供了封装类。　　　　　　　　　　　　　　　　　　　　　　　　　　　（　　）
4. char 类型是 Java 中唯一的无符号整数基本类型。　　　　　　　　　　　（　　）
5. Java 中无符号基本整数类型只有 char 类型。　　　　　　　　　　　　　（　　）
6. 7.8f 是 float 数据类型。　　　　　　　　　　　　　　　　　　　　　　（　　）
7. ==运算符用于判定两个分立的对象的内容和类型是否一致。　　　　　　（　　）
8. 在 Java 中%是取余运算符，要求两端操作数为整型。　　　　　　　　　（　　）
9. if(a=b)语句用来判断 a 与 b 是否相等。　　　　　　　　　　　　　　　（　　）
10. Java 中取余运算符是"%"，符号的两边可以不是整数。　　　　　　　（　　）
11. Java 只为部分原始数据类型提供了封装类。　　　　　　　　　　　　　（　　）
12. 已知 int i=10,j=15,k=25，表达式：(i<10&&j>10&&k!=25)的值为 true。　　（　　）
13. 已知 int i=10,j=20,k=30，表达式：(i>10 || j<10 || k!=30)的值为 true。　　（　　）
14. 若有定义"int x=10;"，则执行语句"x%=7;"后，x 的值是 3。　　　（　　）

2.5.2　单选题

1. 下列不可作为 Java 语言标识符的是（　　　）。
   A. a1　　　　　　　　　　　　　　B. $1
   C. _1　　　　　　　　　　　　　　D. 11
2. 整型数据类型中，需要内存空间最少的是（　　　）。
   A. short　　　　　　　　　　　　　B. long
   C. int　　　　　　　　　　　　　　D. byte
3. 下面语句在编译时不会出现警告或错误的是（　　　）。
   A. float f=3.14;　　　　　　　　　B. char c="c";
   C. Boolean b=null;　　　　　　　　D. int i=10.0;
4. 下列关于基本数据类型的说法中，不正确的一项是（　　　）。
   A. boolean 类型变量的值只能取真或假　　B. float 是带符号的 32 位浮点数
   C. double 是带符号的 64 位浮点数　　　　D. char 是 8 位 Unicode 字符
5. 下列关于 Java 语言简单数据类型的说法中，正确的一项是（　　　）。
   A. 以 0 开头的整数代表八进制整型常量
   B. 以 0x 或 0X 开头的整数代表八进制整型常量
   C. boolean 类型的数据作为类成员变量的时候，相同默认的初始值为 true
   D. double 类型的数据占计算机存储的 32 位

6. 下列说法中，正确的一项是（　　　）。

　　A. 字符串"\\abcd" 的长度为 6　　　　　B. false 是 Java 的保留字

　　C. 123.45L 代表单精度浮点型　　　　　D. false 是合法的 Java 标识符

7. 已知 int x=7,y=8,z=5，则表达式（x*y/z++）的值是（　　　）。

　　A. 9　　　　　　　　　　　　　　　B. 9.33

　　C. 11　　　　　　　　　　　　　　D. 11.20

8. 与 k=n++完全等价的表达式是（　　　）。

　　A. k=n,n++　　　　　　　　　　　B. n=n+1,k=n

　　C. k=++n　　　　　　　　　　　　D. k+=n+1

9. 下列语句执行后，变量 a、c 的值分别是（　　　）。

```
int x=182;
int a,c;
c=x/100;
a=x%10;
```

　　A. 1　2　　　　　　　　　　　　　B. 2　1

　　C. 1.82　2　　　　　　　　　　　D. 100　82

10. 若有定义 "int a=1,b=2;"，则表达式（a++）+（++b）的值是（　　　）。

　　A. 3　　　　　　　　　　　　　　B. 4

　　C. 5　　　　　　　　　　　　　　D. 6

11. 应用程序的 main 方法中有以下语句，则输出的结果是（　　　）。

```
String s1="0.5",s2="12";
double x=Double.parseDouble（s1）;
int y=Integer.parseInt（s2）;
System.out.println（x+y）;
```

　　A. 12　　　　　　　　　　　　　　B. 12.5

　　C. 120.5　　　　　　　　　　　　D. 12.5

12. 若以下变量均已正确定义并赋值，下面符合 Java 语言语法的语句是（　　　）。

　　A. b=a!=7;　　　　　　　　　　　B. a=7+b+c=9;

　　C. i=12.3*%4;　　　　　　　　　D. a=a+7=c+b;

13. 若有定义 "int a=2;"，则执行完语句 "a-=a*a;" 后，a 的值是（　　　）。

　　A. −2　　　　　　　　　　　　　　B. 2

　　C. 4　　　　　　　　　　　　　　D. −4

14. 若所用变量都已正确定义，以下选项中，非法的表达式是（　　　）。

　　A. a%3　　　　　　　　　　　　　B. a=1/2

　　C. 'A'+32　　　　　　　　　　　　D. a!=4||b==1

15. 变量 a 定义为 int 类型。以下选项中，合法的赋值语句是（　　　）。

　　A. a+1==2;　　　　　　　　　　　B. a+=1;

　　C. a=8.8f;　　　　　　　　　　　D. a=new int（8）;

16. 已知 y=2，z=3，n=4，则经过 n=n+ -y*z/n 运算后 n 的值为（　　）。

    A. 3   B. −1   C. −12   D. −3

17. 已知 x=2，y=3，z=4，则经过 z- = --y−x--运算后，z 的值为（　　）。

    A. 1   B. 2

    C. 3   D. 4

18. 设有类型定义 "short i=32; long j=64;"，下面赋值语句中不正确的一个是（　　）。

    A. j=i;   B. i=j;

    C. i=（short）j;   D. j=（long）i;

19. 现有 1 个 char 类型的变量 c1=66 和 1 个整型变量 i=2，当执行 "c1=c1+（char）i;" 语句后，c1 的值为（　　）。

    A. 'd'   B. 'D'

    C. 68   D. 语句在编译时出错

20. 下面（　　）语句不会出现编译警告或错误。

    A. float f = 1.3;   B. char c = "a";

    C. byte b = 25;   D. boolean d = null;

21. 若以下变量均已正确定义并赋值，下面符合 Java 语言语法的表达式是（　　）。

    A. a=a<=7   B. a=7+b+c

    C. int 12.3%4   D. a=a+7=c+b

2.5.3 编程题

1. 输入 1 个四位数，将其加密后输出。方法是将该数每一位上的数字加 9，然后除以 10 取余，作为该位上的新数字，最后将第 1 位和第 3 位上的数字互换，第 2 位和第 4 位上的数字互换，组成加密后的新数。比如输入一个四位数 3245，输出加密后的四位数为 3421。如图 2-5-1 所示是框架代码。

```
package chapter24;
import java.util.Scanner;
public class Task1 {
        public static void main(String[] args) {
            // TODO Auto-generated method stub
            int number, digit1, digit2, digit3, digit4, newnum;
            int temp;
            System.out.println("请输入一个四位数:");
            Scanner scanner = new Scanner(System.in);
            number = scanner.nextInt();
            System.out.println("输入四位数为:"+number);
            // write your own codes


        }
    }
```

图 2-5-1　四位数加密框架代码

程序完成后的功能如图 2-5-2 所示。

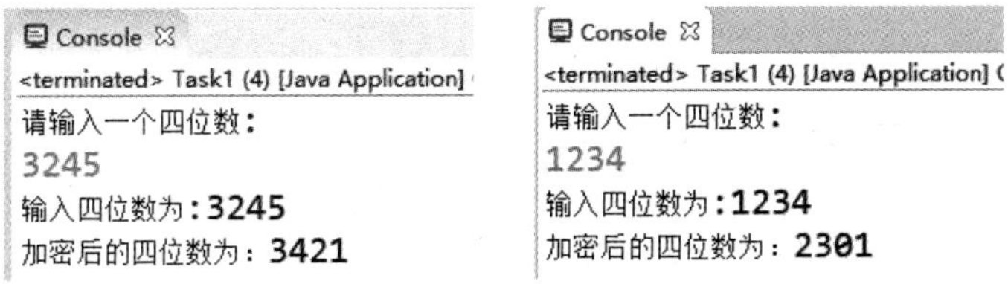

Console ✕
\<terminated> Task1 (4) [Java Application]
请输入一个四位数：
3245
输入四位数为：**3245**
加密后的四位数为：**3421**

Console ✕
\<terminated> Task1 (4) [Java Application]
请输入一个四位数：
1234
输入四位数为：**1234**
加密后的四位数为：**2301**

图 2-5-2　四位数加密运行效果

2. 计算圆柱体的体积。圆周率为 3.14，当我们输入半径 r 和高 h 时，计算并输出体积 v（注：r、h 均为 double 型数据，结果保留两位小数）。如图 2-5-3 所示是框架代码。

```java
package chapter24;
import java.util.Scanner;
public class Task2 {
    public static void main（String[] args） {
        // TODO Auto-generated method stub
        double r, h,v;
        // 创建一个 Scanner 对象，又来接受输入的数据
        System.out.println（"请输入圆柱体半径："）；
        Scanner scanner = new Scanner（System.in）；
        r = scanner.nextFloat（）；
        System.out.println（"请输入圆柱体高："）；
        h = scanner.nextFloat（）；
        System.out.println（"圆柱体半径为："+r）；
        System.out.println（"圆柱体高为："+h）；
        // write your own codes
        v = 3.14*r*r*h;
        System.out.println（String.format（"%.2f",v））；
    }
}
```

图 2-5-3　圆柱体体积框架代码

程序完成后的功能如图 2-5-4 所示。

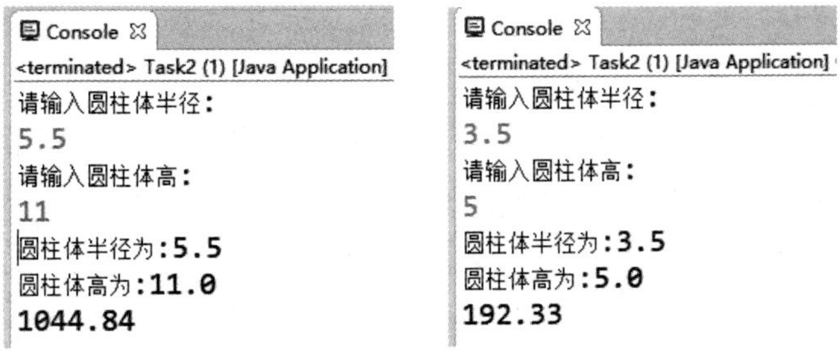

Console ✕
\<terminated> Task2 (1) [Java Application]
请输入圆柱体半径：
5.5
请输入圆柱体高：
11
圆柱体半径为：**5.5**
圆柱体高为：**11.0**
1044.84

Console ✕
\<terminated> Task2 (1) [Java Application]
请输入圆柱体半径：
3.5
请输入圆柱体高：
5
圆柱体半径为：**3.5**
圆柱体高为：**5.0**
192.33

图 2-5-4　圆柱体体积运行效果

第3章 分支与循环

选择结构
语句视频

3.1 选择结构语句

在实际生活中经常需要做出一些判断，比如开车来到一个十字路口，这时需要对红绿灯进行判断：如果前面是红灯，就停车等候；如果是绿灯，就通行。Java 中有一种特殊的语句叫作选择语句，它也需要对一些条件做出判断，从而决定执行哪一段代码，选择语句分为 if 条件语句和 switch 条件语句，本节针对选择语句进行讲解。

3.1.1 if 条件语句

if 条件语句分为三种语法格式，每一种格式都有其自身的特点，下面分别进行介绍。

if 语句是指如果满足某种条件，就进行某种处理。例如，爸爸跟你说"如果你考试得了 95 分以上，爸爸周日带你去迪士尼玩"。这句话可以通过下面的一段伪代码来描述，如图 3-1-1 所示。

修改后的伪代码如图 3-1-2 所示。在伪代码中，"如果"相当于 Java 中的关键字 if，"你考试得了 95 分以上"是判断条件，需要用()括起来。"爸爸周日带你去迪士尼玩"是执行语句，需要放在括号{ }中。

在 Java 中，if 条件语句的具体语法格式如图 3-1-3 所示。

如果你考试得了 95 分以上
爸爸周日带你去迪士尼玩；
	if(你考试得了 95 分以上) {
	　爸爸周日带你去迪士尼玩；
	}
		if（条件语句）{
		　表达式；
		}

图 3-1-1　if 语句伪代码	图 3-1-2　if 语句伪代码	图 3-1-3　if 语法格式

if 条件语句流程图如图 3-1-4 所示，判断条件是一个布尔值。当判断条件为 true 时，if 条件执行语句才会执行，当判断条件为 false 时，if 条件执行语句不会执行。

下面我们以一个实例来学习 if 条件语句的使用流程。在运行一个 Java 程序的时候，可能我们需要在运行的时候传递一些参数；Scanner 是一个基于正则表达式的文本扫描器，可以从文件、输入流、字符串中解析出基本类型和字符串类型的值；利用这个类，我们可以很方便地获取键盘输入的参数，并将参数转换为整型或者字符型。

if 条件语句实例的代码如图 3-1-5 所示：从键盘中输入参数 96 后再按回车键，将键盘输入参数转换为整型变量 iScore；判断 iScore 是否大于等于 95；因为 96>95，if 判断条件为true；if 条件执行语句才将会被会执行；最后程序输出"爸爸周日带你去迪士尼玩"。

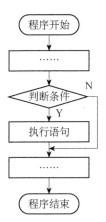

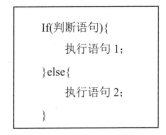

图 3-1-4　if 条件语句流程图　　　　图 3-1-5　if 条件语句实例

if else 语句是指如果满足某种条件，就进行某种处理，否则就进行另外一种处理。例如，爸爸跟你说"如果你考试得了 95 分以上，爸爸周日带你去迪士尼玩，否则就在家补习作业"。这句话可以通过下面的一段伪代码来描述，如图 3-1-6 所示。

修改后的伪代码如图 3-1-7 所示。在上面的伪代码中，"如果"相当于 Java 中的关键字 if，"你考试得了 95 分以上"是判断条件，需要用()括起来。如果判断条件为 true，执行"爸爸周日带你去迪士尼玩"；如果判断条件为 false，执行"在家补习作业"。

在 Java 中，if else 条件语句的具体语法格式如图 3-1-8 所示。

如果你考试考了 95 分以上
　　爸爸周日带你去迪士尼玩；
否则
　　在家补习作业
	If(条件语句){
	　　表达式；
	}else{
	　　在家补习作业；
	}
		If(判断语句){
		　　执行语句 1；
		}else{
		　　执行语句 2；
		}

图 3-1-6　if else 语句伪代码　　　图 3-1-7　if else 语句伪代码　　　图 3-1-8　if else 语句伪代码

if else 条件语句流程图如图 3-1-9 所示，判断条件是一个布尔值。当判断条件为 true 时，执行语句 1；当判断条件为 false 时，执行语句 2。

下面我们以一个实例来学习 if else 条件语句的使用流程。if else 条件语句实例的代码如图 3-1-10 所示，从键盘中输入参数 90 后再按回车键，将键盘输入参数转换为整型变量 iScore；判断 iScore 是否大于等于 95；因 90<95，判断条件为 false；执行语句 2；最后程序输出"周日在家补习作业"。

if…else if…else 语句的语法格式如图 3-1-11 所示，用于对多个条件进行判断，进行多种不同的处理。例如，对

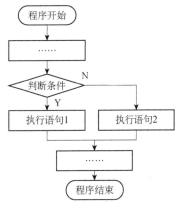

图 3-1-9　if else 条件语句流程图

一个学生的考试成绩进行等级的划分，如果分数大于 85 分则等级为优；如果分数大于 70 分，小于等于 85 分，则等级为良；如果分数大于 60 分，小于等于 70 分，则等级为及格；如果分数小于等于 60 分，则等级为不及格。

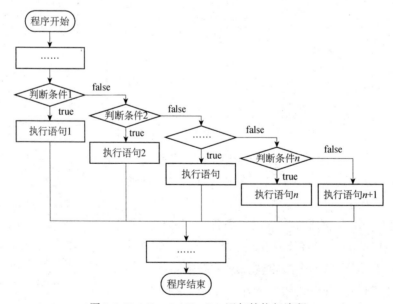

图 3-1-10　if else 条件语句实例　　　　图 3-1-11　if…else if…else 语法格式

if…else if…else 语句的执行流程如图 3-1-12 所示，判断条件是一个布尔值。当判断条件 1 为 true 时，if 后面的执行语句 1 会执行；当判断条件 1 为 false 时，会继续执行判断条件 2，如果其为 true，则执行语句 2；依此类推，如果所有的判断条件都为 false，则意味着所有条件均未满足；else 后面中的执行语句 n+1 会被执行。

图 3-1-12　if…else if…else 语句的执行流程

if…else if…else 语句实例代码如图 3-1-13 所示：从键盘中输入参数 80 后按回车键，将键盘输入的参数转换为整型变量 iScore；判断 iScore 是否大于等于 95，判断条件为 false；继续判断 iScore 是否大于等于 70，判断条件为 true；执行语句 2；最后程序输出"考试成绩为良"。

```
1  package chapter31;
2  import java.util.Scanner;
3  public class IfExample3 {
4      public static void main(String[] args) {
5          Scanner reders=new Scanner(System.in);
6          int iScore=reders.nextInt();
7          if(iScore>=85)
8          {
9              System.out.println("考试成绩为优");
10         }else if(iScore>=70) {      输入80时表达式为true
11             System.out.println("考试成绩为良");    执行语句
12         }else if(iScore>=60) {
13             System.out.println("考试成绩为及格");
14         }else {
15             System.out.println("考试成绩为不及格");
16         }
17     }
18 }
```

```
Problems  @ Javadoc  Declaration  Console ✕   ▪ ✖ ✖ ❙ ❏ ❏ ❏ ❏ ▾ ❐ ▾ ▾
<terminated> IfExample3 [Java Application] C:\Program Files\Java\jdk1.8.0_191\bin\javaw.exe (2019年9月13日 下午
80
考试成绩为良   ➜ 输出结果
```

图 3-1-13　if…else if…else 语句实例

下面我们看一个案例，如图 3-1-14 所示，下列代码执行后，变量 iScore 的值为多少？

```
public class Test {
    public static void main(String[] args) {
        // TODO Auto-generated method stub
        int iScore = 85；
        if (iScore >= 85) {
            iScore -= 10；
        } else if (iScore >= 70) {
            iScore -= 10；
        } else if (iScore >= 60) {
            iScore -= 10；
        } else {
            iScore -= 10；
        }
    }
}
```

图 3-1-14　if…else if…else 实例

程序首先判断 iScore 是否大于等于 85；这个判断条件为 true；执行语句 1，iScore 减 10；语句 1 执行完后，if…else if…else 语句就执行完了，就跳到了最后结尾，因此 iScore 的值为 75。

下面我们再看一个案例，如图 3-1-15 所示，下列代码执行后，变量 a 的值为多少？

```
public class Test {
    public static void main(String[] args) {
        // TODO Auto-generated method stub
        int a = 10;
        if (a++ >= 15) {
            a-= 1;
        } else if (a++ >= 14) {
            a -= 1;
        } else if (a++ >= 13) {
            a -= 1;
        } else {
            a -= 1;
        }
    }
}
```

图 3-1-15　if…else if…else 实例

首先判断第一个条件，a 是否大于等于 15；判断条件为 false；判断完后 a 自加 1 后为 11；判断第二个条件，a 是否大于等于 14；判断条件为 false；判断完后 a 自加 1 后为 12；判断第三个条件，a 是否大于等于 13；判断条件为 false；判断完后 a 自加 1 后为 13；前面条件都不满足后进入最后的 else 语句，a-1=1 执行后 a 为 12。

如图 3-1-16 所示在程序中使用数字 1~7 来表示星期一到星期日，如果想根据某个输入的数字来输出对应中文格式的星期值，可通过 if…else if…else 语句来实现。但是由于判断条件比较多，实现起来代码过长，不便于阅读。

```
if(输入为 1){
    星期一;
}else if (输入为 2){
    星期二;
}
……
 else if (输入为 7){
    星期日;
} else{
    输入错误;
}
```

图 3-1-16　if…else if…else 实例

3.1.2　switch 条件语句

Java 中提供了一种 switch 语句来实现这种需求，如图 3-1-17 所示，在 switch 语句中使用 switch 关键字来描述一个表达式，使用 case 关键字来描述和表达式结果比较的目标值，当表达式的值和某个目标值匹配时会执行对应 case 下的语句。

如图 3-1-18 所示是 switch 语法格式。switch 语句将表达式的值与每个 case 中的目标值进行匹配，如果找到了匹配的值，就会执行对应 case 后的语句；如果没找到任何匹配的值，就会执行 default 后的语句。

```
int a;
switch (a) {
    case 1:
            输出星期一;
            break;
    case 2:
            输出星期二;
            break;
        case ...:
            输出星期....;
            break;
    case 7:
            输出星期日;
            break;
        default:
            输入错误;
            break;
    }
```

图 3-1-17　switch 语句伪代码

```
switch (表达式) {
    case  目标值 1:
            执行语句 1;
            break;
    case 目标值 2:
            执行语句 2;
            break;
        case ...:
            执行语句....;
            break;
    case 目标值 n:
            执行语句 n;
            break;
        default:
            执行语句 n +1;
            break;
    }
```

图 3-1-18　switch 语法格式

　　switch 语句中的 break 关键字的作用是跳出 switch 语句；在 switch 语句中的表达式只能是 byte、short、char、int 类型的值，如果传入其他类型的值，程序就会报错。

　　如图 3-1-19 所示为 switch 语句的流程图，使用 switch 描述一个表达式，使用 case 关键字来匹配目标值，当表达式的值和某个目标值匹配时，就会执行对应 case 下的语句。switch 语句的代码比较简洁，便于阅读。

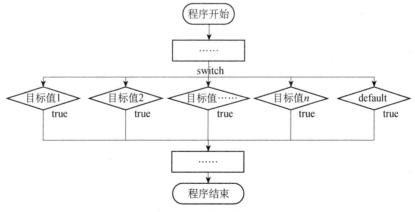

图 3-1-19　switch 语句的流程图

　　switch 语句实例的代码如图 3-1-20 所示：从键盘中输入参数 5 后按回车键，将键盘输入的参数转换为整型变量 iDay；将 iDay 表达式的值与下面的 case 进行匹配；与目标值 5 匹配成功，执行语句 5，最后程序输出"今天星期五"。

　　下面我们通过一个 switch 实例来熟悉 switch 的运行流程，如图 3-1-21 所示。下列代码执行后，变量 a 的值为多少？

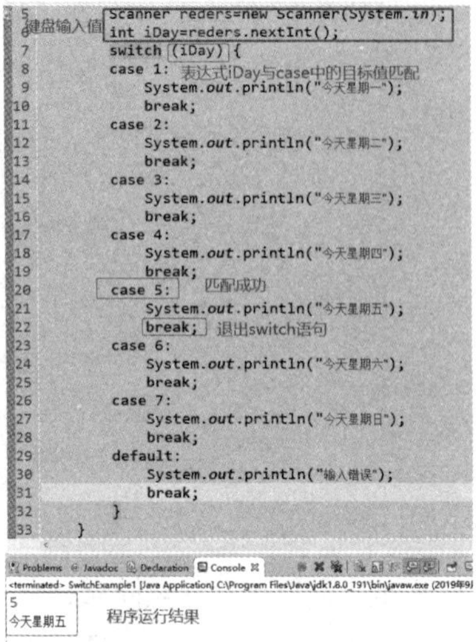

```
Scanner reders=new Scanner(System.in);
int iDay=reders.nextInt();
switch (iDay){
    case 1:      表达式iDay与case中的目标值匹配
        System.out.println("今天星期一");
        break;
    case 2:
        System.out.println("今天星期二");
        break;
    case 3:
        System.out.println("今天星期三");
        break;
    case 4:
        System.out.println("今天星期四");
        break;
    case 5:      匹配成功
        System.out.println("今天星期五");
        break;      退出switch语句
    case 6:
        System.out.println("今天星期六");
        break;
    case 7:
        System.out.println("今天星期日");
        break;
    default:
        System.out.println("输入错误");
        break;
    }
}
```

```
int a=2;
switch (a) {
case 1:
    a+=1;
case 2:
    a+=1;
case 3:
    a+=1;
case 4:
    a+=1;
case 5:
    a+=1;
    break;
case 6:
    a+=1;
case 7:
    a+=1;
    break;
default:
    break;
}
```

图 3-1-20　switch 语句实例代码　　　　　图 3-1-21　switch 实例代码

表达式 a 与 case 进行匹配，case 2 匹配成功，a 加 1 等于 3；但是 case 2 执行语句没有 break，程序继续运行到 case 3、case 4，最后运行到 case 5 后遇到 break 退出，因此 a 最后的值为 6。

总结：本小节首先介绍了 if 条件语句的三种语法格式；然后介绍了 switch 条件语句的语法格式和流程；最后通过具体的实例讲述了 if 条件语句和 switch 条件语句的使用流程与方法。

3.1.3　单元实训

1. 实训任务

输入一个年份，判断该年份是否为闰年。如果该年份能被 4 整除，但不能被 100 整除，或者能被 400 整除，则该年份是闰年。如图 3-1-22 所示是程序的框架代码。

```
package chapter31;
import java.util.Scanner;
public class Task1 {
    public static void main(String[] args) {
        // TODO Auto-generated method stub
        int iYear;
        System.out.println("请输入年份:");
        Scanner scanner = new Scanner(System.in);
        iYear = scanner.nextInt();
        System.out.println("输入年份为:"+iYear);
        // write your own codes

    }
}
```

图 3-1-22　闰年判断的框架代码

程序完成后的功能如图 3-1-23 所示。

Console ⊠ Problems Coverage	Console ⊠ Problems Coverage
`<terminated>` Task1 (5) [Java Application] C:\Pro	`<terminated>` Task1 (5) [Java Application] C:\P
请输入年份：	请输入年份：
1980	1900
输入年份为：**1980**	输入年份为：**1900**
1980年是闰年	**1900**年不是闰年

图 3-1-23　闰年判断运行效果

2. 编程过程

在 Eclipse 中创建包 chapter31，在包 chapter31 下创建类 Task1。

在 main 方法中定义并初始化键盘输入扫描类对象 Scanner mScanner。

将键盘输入的年份转换为 int 变量 iYear。

判断 iYear 如果能被 4 整除并且不能被 100 整除，或者能被 400 整除，则 iYear 为闰年，并输出闰年信息；否则不是闰年，并输出不是闰年的信息。

3. 编程源代码（图 3-1-24）

```java
package chapter31;
import java.util.Scanner;
public class Task1 {
    public static void main(String[] args) {
        // TODO Auto-generated method stub
        int iYear;
        System.out.println("请输入年份:");
        Scanner scanner = new Scanner(System.in);
        iYear = scanner.nextInt();
        System.out.println("输入年份为:"+iYear);
        // write your own codes
        if ((iYear % 4 == 0 && iYear % 100 != 0) || (iYear % 400 == 0))
            System.out.println(iYear+"年是闰年");
        else
            System.out.println(iYear+"年不是闰年");
    }
}
```

图 3-1-24　闰年判断源代码

3.2　循环结构语句

在实际生活中，我们经常会将同一件事情重复做很多次。比如在广播体操的跳跃运动时，会重复跳跃的动作；学习乒乓球时，会重复挥拍的动作等。

在 Java 中有一种特殊的语句叫作循环语句，它可以实现将一段代码

循环结构
语句视频

重复执行。例如，期末考试的时候，循环打印学生的考试成绩。

循环语句分为 while 循环语句、do…while 循环语句和 for 循环语句三种。本小节我们对这三种循环语句分别进行详细的讲解。

3.2.1 while 循环语句

while 循环语句和条件判断语句有些相似，都是根据条件判断来决定是否执行大括号内的执行语句的。

while 循环语句的语法结构如图 3-2-1 所示。这种语句与条件判断语句的区别在于，while 语句会反复进行条件判断，只要条件成立，大括号内的执行语句就会执行，直到条件不成立，while 循环才结束。

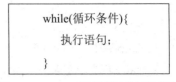

图 3-2-1　while 循环语句的语法结构

while 循环语句的语法流程如图 3-2-2 所示。执行语句被称作循环体，循环体是否执行取决于循环条件，当循环条件为 true 时，循环体就会被执行。

循环体执行完毕后会继续判断循环条件，如条件仍为 true，则会继续执行，直到循环条件为 false 时，整个循环过程才会结束。

下面我们以一个实例来学习 while 语句的使用流程：编程实现 1+2+3+…+100 的和，while 循环的案例如图 3-2-3 所示。

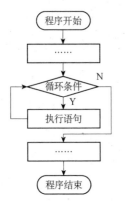

```java
 2 public class WhileExample1 {
 3     public static void main(String[] args) {
 4         int i=1;
 5         int sum=0;                    循环条件
 6         while (i<=100){
 7             sum=sum+i;                循环体执行语句
 8             i++;                      循环控制语句
 9         }
10         System.out.println("1+2+...+100="+sum);
11     }
12 }
13
```

Problems Javadoc Declaration Console
<terminated> WhileExample1 [Java Application] C:\Program Files\Java\jdk1.8.0_191\bin\javaw.exe (2019年9月
1+2+...+100=5050

图 3-2-2　while 循环语句的语法流程图　　　　图 3-2-3　while 循环语句实例

首先我们需要定义循环的次数变量 i 和总和变量 sum；循环条件为 i<=100；循环体执行语句，每次循环将总和加上循环的次数变量 i；循环的控制语句就是 i++；while 的循环语句的执行过程过程如图 3-2-4 所示。

循环次数	sum值
第1次循环 i=1	sum=1
第2次循环 i=2	sum=1+2
第N次循环 i=N	sum=1+2+…+N
第100次循环 i=100	sum=1+2+…+100
第101次循环 i=101	循环条件不成立，退出循环

图 3-2-4　while 循环语句执行过程

第 1 次循环的时候 i=1，sum 值加上 1；第 2 次循环的时候 i=2，sum 值等于 1+2；第 N 次循环的时候 i=N，sum 值等于 1+2+…+N；第 100 次循环的时候 i=100，sum 值等于 1+2+…+100；第 101 次循环的时候 i=101，不满足循环条件，退出循环，输出总和的值。

3.2.2　do while 循环语句

do while 循环语句和 while 循环语句有些相似，do while 循环语句语法结构如图 3-2-5 所示。

do while 循环语句循环流程如图 3-2-6 所示。这种语句与 while 循环语句的区别在于，循环体 do while 语句会无条件运行一次，然后再根据循环条件来决定是否继续运行。

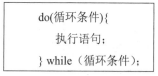

图 3-2-5　do while 循环语句语法结构

下面我们以一个实例来学习 do while 语句的使用流程：编程实现 1+2+3+…+100 的和，do while 循环的案例如图 3-2-7 所示。首先我们需要定义循环的次数变量 i 和总和变量 sum。

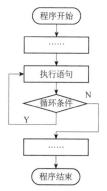

图 3-2-6　do while 循环语句循环流程图

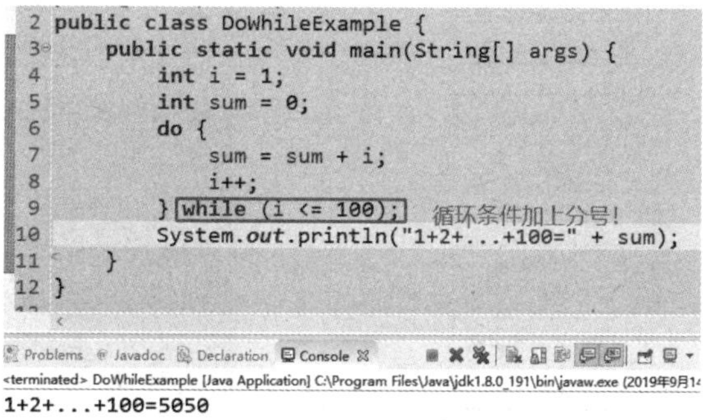

图 3-2-7　do while 循环语句案例

与 while 循环不同的是，do while 语句首先执行了一次循环体的语句，然后判断循环条件，循环过程如图 3-2-8 所示。

循环次数　　　sum值

第1次循环 i=2　　sum=1+2

第2次循环 i=3　　sum=1+2+3

第N-1次循环 i=N　sum=1+2+…+N

第99次循环 i=100　sum=1+2+…+100

第100次循环 i=101　循环条件不成立，退出循环

图 3-2-8　do while 循环语句执行过程

3.2.3　for 循环语句

for 循环语句是最常用的循环语句，一般用在循环次数已知的情况下。for 循环语句的语法格式如图 3-2-9 所示。

for 关键字后面()中包括了三部分内容，分别为初始化表达式、循环条件和循环控制表达式，它们之间用分号分隔。

```
for(初始表达式；循环条件；循环控制表达式)
{
    执行语句；
}
```

图 3-2-9　for 循环语句的语法格式

for 循环的语句流程如图 3-2-10 所示。首先执行初始表达式；然后判断循环条件；循环条件如果为 true，则进入执行语句；执行语句结束后运行循环控制表达式；循环条件如果为 false，则退出 for 循环。

下面我们以一个实例来学习 for 循环语句的使用流程：编程实现 1+2+3+…+100 的和，for 循环语句的案例如图 3-2-11 所示。首先我们需要定义总和变量 sum；for 关键字后面中包括了三部分内容：初始表达式 int i=0，循环条件为 i<=100，循环控制表达式为 i++，它们之间用分号分隔。

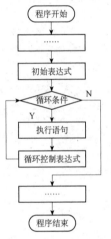

图 3-2-10　for 循环的语句流程图

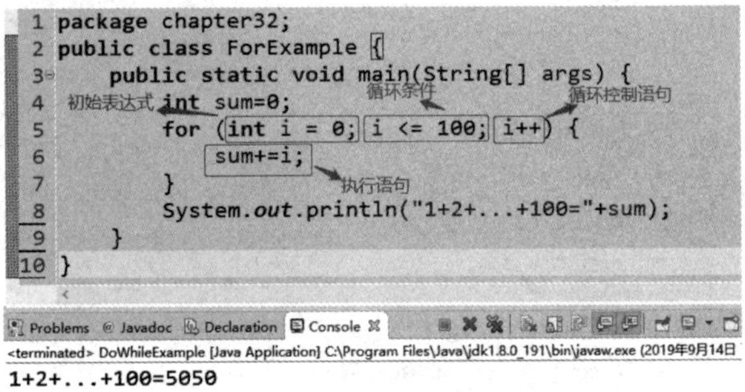

```
1  package chapter32;
2  public class ForExample {
3      public static void main(String[] args) {
4          初始表达式 int sum=0;      循环条件      循环控制语句
5          for (int i = 0; i <= 100; i++) {
6              sum+=i;           执行语句
7          }
8          System.out.println("1+2+...+100="+sum);
9      }
10 }
```

Problems @ Javadoc Declaration Console
<terminated> DoWhileExample [Java Application] C:\Program Files\Java\jdk1.8.0_191\bin\javaw.exe (2019年9月14日
1+2+...+100=5050

图 3-2-11　for 循环语句实例

3.2.4　多重循环语句

多重循环是指在一个循环语句的循环体中再定义一个循环语句的语法结构；while、for 循环语句都可以进行嵌套，并且它们之间也可以互相嵌套。如图 3-2-12 所示是在 for 循环中嵌套 for 循环的语法格式。

```
for(初始表达式；循环条件；循环控制表达式)
{
    for(初始表达式；循环条件；循环控制表达式){
        执行语句；
    }
}
```

图 3-2-12　for 循环中嵌套 for 循环的语法格式

如果要输出一个行数为 10 行的直角三角形；可以定义两层 for 循环，分别为外层循环和内层循环。多重循环代码的实例源代码如图 3-2-13 所示。

　　外层循环用于控制打印的行数，外层循环的循环条件 i<=10，代表打印 10 行；内层循环用于打印*，每一行的*个数与行数相等，内层循环的循环条件为 j<=i；每行打印完*后按回车键到下一行；程序最后输出一个直角三角形。

　　如图 3-2-14 所示是一个输出 10 行的倒立直角三角形的实例。可以定义两层 for 循环，分别为外层循环和内层循环；外层循环还是打印 10 行；内层循环每一行打印*个数与上面的例子正好相反，第 1 行 10 个，第二行 9 个；打印的个数与行数相加等于 11；内层循环的循环条件为 j<=10-i+1；每行打印完*后按回车键到下一行；程序最后输出一个倒立直角三角形。

图 3-2-13　多重循环代码的实例源代码　　　　图 3-2-14　输出 10 行的倒立直角三角形的实例

3.2.5　跳转语句

　　跳转语句用于实现循环执行过程中程序流程的跳转，在 Java 中的跳转语句有 break 语句和 continue 语句。

　　switch 条件语句和循环语句中都可以使用 break 语句。如图 3-2-15 所示，当它出现在 switch 条件语句中时，用于终止某个 case 并跳出 switch 结构。

　　break 出现在循环语句中，其作用是跳出循环语句，执行后面的代码。

　　如图 3-2-16 所示是一个判断输入的数是否为质数的实例。我们只需要判断这个数 n 是否能被 2 到 n-1 中间的数整除；如果能被整除，那么就不需要继续判断，可以退出当前的循环；break 直接跳转到第 20 行语句。

　　continue 语句用在循环语句中的作用是终止本次循环，执行下一次循环。如图 3-2-17 所示是一个计算 1 到 100 中所有偶数的实例。在循环的过程中，如果当前的循环次数为奇数，退出本次循环，进入到下一次循环，代码跳转到第 5 行。

　　总结：本节首先介绍了 Java 的三种循环；然后通过具体的实例讲述了三种循环的使用方法；最后通过案例介绍了 Java 的多种循环和跳转语句。

```
6       int iDay=reders.nextInt();
7       switch (iDay) {
8       case 1:
9           System.out.println("今天星期一");
10          break;
11      case 2:
12          System.out.println("今天星期二");
13          break;        break跳出switch循环，下一
14      default:          行代码执行到18行
15          System.out.println("输入错误");
16          break;
17      }
18  }
19 }
```

```
Problems @ Javadoc  Declaration  Console ☒      ■ ✖ ✖ | 🔛 🔝 🗗 🗗 ▾ 🗗 ▾
<terminated> SwitchExample2 [Java Application] C:\Program Files\Java\jdk1.8.0_191\bin\javaw.exe (2(
2
今天星期二
```

图 3-2-15 break 语句应用实例 1

```
9       int n = reders.nextInt();
10      boolean flag = true;// true代表质数
11      if (n == 2 || n == 3) {
12          flag = true;       如果数n能被2到n-1中间的数整除
13      }
14      for (int i = 2; i < n; i++) {
15          if (n % i == 0) {
16              flag = false;      →这个数不是质数
17              break;
18          }              不需要继续执行，直接跳出当前循环
19      }
20      if (flag) {
21          System.out.println(n + "是质数");
22      }else {
23          System.out.println(n + "不是质数");
24      }
25  }
```

```
Problems @ Javadoc  Declaration  Console ☒      ■ ✖ ✖ | 🔛 🔝 🗗 🗗 ▾ 🗗 ▾
<terminated> BreakExample [Java Application] C:\Program Files\Java\jdk1.8.0_191\bin\javaw.exe (2019年9月14日 下午
请输入需要判断的数：
4
4不是质数
```

图 3-2-16 break 语句应用实例 2

```
1 package chapter32;
2 public class ContinueExample {
3       public static void main(String[] args) {
4           int sum=0;
5           for (int i = 1; i <=100; i++) {
6               if (i%2==1) {
7                   continue;       如果循环次数为奇数退出当前
8               }                   的这次循环体，进入下一次循
9               sum+=i;             环
10          }
11          System.out.println("2+4+...+100="+sum);
12      }
13 }
14
```

```
Problems @ Javadoc  Declaration  Console ☒      ■ ✖ ✖ | 🔛 🔝 🗗 🗗 ▾ 🗗 ▾
<terminated> ContinueExample [Java Application] C:\Program Files\Java\jdk1.8.0_191\bin\javaw.exe (2019年9月14
2+4+...+100=2550
```

图 3-2-17 continue 语句应用实例

3.2.6 单元实训 1

1. 实训任务

一个球从 100m 的高度落下，每次反弹高度是之前高度的一半，求第 n 次反弹多高？
（第一次反弹高度为 50m，第二次反弹高度为 25m…高度为 double 类型）。如图 3-2-18 所示
是程序的框架代码。

程序完成后的功能如图 3-2-19 所示。

2. 编程过程

在 Eclipse 中创建包 chapter32，在包 chapter32 下创建类 Task1。

在 main 方法中定义并初始化键盘输入扫描类对象 Scanner mScanner。

将键盘输入的反弹次数转换为 int 变量 n。

使用 for 循环遍历第一次到第 n 次的反弹情况，每一次的反弹高度都是上一次反弹高度的
1/2。

循环结束后输出第 n 次的反弹高度。

3. 编程源代码（见图 3-2-20）

```java
package chapter32;
import java.util.Scanner;
public class Task1 {
    public static void main(String[] args) {
        // TODO Auto-generated method stub
        int n;
        double height = 100;
        System.out.println("请输入次数:");
        Scanner scanner = new Scanner(System.in);
        n = scanner.nextInt();
        System.out.println("输入次数为:"+n);
        // write your own codes


    }
}
```

图 3-2-18　反弹高度程序的框架代码

Console ☒ Problems Coverage
<terminated> Task1 (7) [Java Application] C:\P
请输入次数：
5
输入次数为：5
第5次后反弹的高度为：3.125米

Console ☒ Problems Coverage
<terminated> Task1 (7) [Java Application] C:\Program F
请输入次数：
10
输入次数为：10
第10次后反弹的高度为：0.09765625米

图 3-2-19　反弹高度运行效果

```java
package chapter32;
import java.util.Scanner;
public class Task1 {
    public static void main(String[] args) {
        // TODO Auto-generated method stub
        int n;
        double height = 100;
        System.out.println("请输入次数:");
        Scanner scanner = new Scanner(System.in);
        n = scanner.nextInt();
        System.out.println("输入次数为:"+n);
        // write your own codes
    For(int i=1;i<=n;i++)
    {
        height = height/2;
    }
    System.out.println("第"+n+"次后反弹的高度为:"+height+"米");
    }
}
```

图 3-2-20　反弹高度源代码

3.2.7　单元实训 2

1. 实训任务

有一条长阶梯，假设有 n 个阶，若每步跨 2 阶，最后剩下 1 阶；若每步跨 3 阶，最后剩下 2 阶；若每步跨 5 阶，最后剩下 4 阶；若每步跨 6 阶，最后剩下 5 阶；若每步跨 7 阶，最后才正好 1 阶不剩。如图 3-2-21 所示是程序的框架代码。

```java
package chapter32;
import java.util.Scanner;
public class Task2 {
        public static void main(String[] args) {
            // TODO Auto-generated method stub
            int n;
            System.out.println("请输入最大阶梯数:");
            Scanner scanner = new Scanner(System.in);
            n = scanner.nextInt();
            System.out.print("0-"+n+"阶梯数中,满足条件的阶梯数为:");
            // write your own codes


        }
    }
```

图 3-2-21　阶梯数

程序完成后的功能如图 3-2-22 所示。

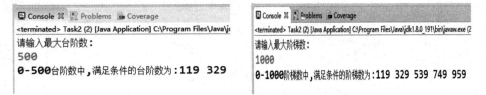

图 3-2-22　阶梯数运行效果

2. 编程过程

在 Eclipse 中创建包 chapter32，在包 chapter32 下创建类 Task2。

在 main 方法中定义并初始化键盘输入扫描类对象 Scanner mScanner。

将键盘输入的最大的阶梯数转换为 int 变量 n。

使用 for 循环遍历第一阶梯数到第 n 阶梯数的情况，判断阶梯数如果同时满足除以 2 余 1，除以 3 余 2，除以 5 余 4，除以 6 余 5，除以 7 余 0。那么这个数就满足阶梯数条件。

最后输出满足条件的阶梯数。

3. 编程源代码（图 3-2-23）

```java
package chapter32;
import java.util.Scanner;
public class Task2 {
    public static void main(String[] args) {
        // TODO Auto-generated method stub
        int n;
        System.out.println("请输入最大阶梯数:");
        Scanner scanner = new Scanner(System.in);
        n = scanner.nextInt();
        System.out.print("0-"+n+"阶梯数中,满足条件的阶梯数为:");
        // write your own codes
        For(int i=0;i<=n;i++)
        {
            If(i%2==1&&i%3==2&&i%5==4&&i%6==5&& i%7==0)
            {
                System.out.print(i+" ");
            }
        }
    }
}
```

图 3-2-23   阶梯数源代码

3.3   方法和递归

方法视频

3.3.1   方法

假设有一个网络社交程序，程序在运行过程中，要不断地从服务器读取聊天数据，读取网络的过程需要编写 50 行的代码，在每次读取网络聊天数据的时候都需要重复地编写这 50 行代码，这样程序会变得很臃肿，可读性也非常差。

为了解决代码重复编写的问题，可以把读取网络的 50 行代码提取出来放在一个大括号中，并为这段代码起个名字，这样在每次读取聊天数据的地方，通过这个名字来调用读取网络的代码就可以了。在上述过程中，所提取出来的代码可以被看作是程序中定义的一个方法，程序在需要读取网络时调用该方法即可。

本小节主要介绍方法的定义、方法的重载和方法的递归。Java 中，声明一个方法的具体语法格式如图 3-3-1 所示，对于语法格式具体说明如下。

```
修饰符 返回值类型 方法名(参数类型 参数名1，参数类型 参数名2，…){
    执行语句；
        ……
    return 返回值
}
```

图 3-3-1   方法的语法格式

（1）修饰符：方法的修饰符比较多，有对访问权限进行限定的，有静态修饰符 static，还有最终修饰符 final 等。

（2）返回值类型：用于限定方法返回值的数据类型。

（3）参数类型：用于限定调用方法时传入参数的数据类型。

（4）参数名：是一个变量，用于接收调用方法时传入的数据。

（5）return：用于结束方法及返回方法指定类型的值。

（6）返回值：该值会返回给调用者。

下面介绍一个方法的实例，如图 3-3-2 所示。需要输出三个直角三角形，每个三角形的行数分别为 3、4、5。

在上一节我们实现了打印直角三角形，如果要输出三个直角三角形，需要重复地编写直角三角形代码，这样程序会变得很臃肿，可读性也非常差。

如图 3-3-3 所示，我们可以定义一个打印直角三角形的方法 printstar，输入参数为打印的函数；在主程序中，连续调用 printstar 方法三次，每次传入的行数为 3、4、5，这样就很容易实现输出三个直角三角形。

```
*
**
***

*
**
***
****

*
**
***
****
*****
```

```
2 public class FunctionExample2 {
3⊖    public static void main(String[] args) {
4         // TODO Auto-generated method stub
5         printstar(3);          调用方法三次，
6         printstar(4);          分别打印三个直角三角形
7         printstar(5);
8     }
9⊖    public static void printstar(int n) {
10        int i;      定义了打印直角三角形方法；
11        int j;      输入参数为打印的行数
12        for (i = 1; i <=n; i++) {
13            for (j = 1;  j<=i; j++) {
14                System.out.print("*");
15            }
16            System.out.println();
17        }
18    }
19 }
20
```

图 3-3-2   方法实例   图 3-3-3   方法代码实例

接下来介绍方法的重载。假设要在程序中实现一个对数字求和的方法，由于参与求和的个数和类型都不确定，因此要针对不同的情况去设计不同的方法。

如图 3-3-4 所示的案例来实现对两个整数相加、对三个整数相加及对两个小数相加的功能。

程序需要针对每一种求和的情况都定义一个方法，如果每个方法的名称都不相同，在调用时就很难分清是哪种情况。Java 允许在一个程序中定义多个名称相同的方法，但类型或个数必须不同，这就是方法的重载。

如图 3-3-5 所示是方法重载的案例：定义了三个同名的 add()方法，它们的参数个数或类型不同，从而形成了方法的重载。在 main()方法中调用 add()方法时，通过传入不同的参数便可以确定调用哪个重载的方法，如 add(1,2)调用的是两个整数求和的方法。

图 3-3-4　求和代码实例　　　　　　　　图 3-3-5　方法的重载案例

方法的重载与返回值类型无关，它只需要满足两个条件：一是方法名相同，二是参数个数或参数类型不相同。

3.3.2　递归

方法的递归是指在一个方法的内部调用自身的过程，递归必须要有结束条件，不然就会陷入无限递归的状态，永远无法结束调用。

如图 3-3-6 所示是上节中我们使用循环计算 1~100 的和。

如图 3-3-7 所示是使用递归计算 1~100 的和，首先定义了一个 getSum()方法用于计算 1~n 之间自然数之和。实例中的第 12 行代码相当于在 getSum()方法的内部调用了自身，这就是方法的递归；1~n-1 的和加上 n 就是 1~n 的和，因此 getSum(n)= getSum(n-1)+n；当 n=1 的时候，getSum(1)=1，整个递归过程在 n==1 时结束。

```
1 package chapter32;
2 public class ForExample {
3   public static void main(String[] args) {
4 初始表达式 int sum=0;          循环条件      循环控制语句
5     for (int i = 0; i <= 100; i++) {
6       sum+=i;          执行语句
7     }
8     System.out.println("1+2+...+100="+sum);
9   }
10 }
```

```
2 public class RecursiveExample1 {
3   public static void main(String[] args) {
4     int sum=getSum(100);
5     System.out.println("1+2+...+100="+sum);
6   }
7   //getSum用于计算1到n的和
8   public static int getSum(int n) {
9     if (n==1) {
10      return 1;
11    }
12    return getSum(n-1)+n;          1~n-1的和加上n就是
13  }                                1~n的和
14 }                    调用自身函数
15
```

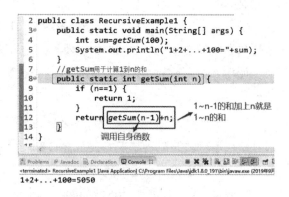

<terminated> DoWhileExample [Java Application] C:\Program Files\Java\jdk1.8.0_191\bin\javaw.exe (2019年9月14日
1+2+...+100=5050

<terminated> RecursiveExample1 [Java Application] C:\Program Files\Java\jdk1.8.0_191\bin\javaw.exe (2019年9月
1+2+...+100=5050

图 3-3-6　循环计算 1~100 的和　　　　　　　图 3-3-7　递归计算 1~100 的和

由于方法的递归调用过程很复杂，接下来通过一个图例来分析整个调用过程，如图 3-3-8所示。

```
int sum=getSum(100)
return 1+...+100   100+getSum(99)
   return 1+2+...+99   99+getSum(98)
      return 1+2+...+98   ......
         return 1+2+...+n   n+getSum(n-1)
            return 1+2+...+n-1   ......
               return 1+2   2+getSum(1)
                  return 1   getSum(1)
```

图 3-3-8　递归调用过程

整个递归过程中，粗箭头代表了递归的调用过程，其中 getSum 方法被调用了 100 次，每次调用时，n 的值都会递减，当 n 的值为 1 时，递归满足结束条件，getSum(1)的值为 1。

细箭头代表了返回过程。所有递归方法都会以相反的顺序相继结束，每次调用时，n 的值都会递增，所有的返回值会进行累加，当 n 为 100 的时候，递归的流程结束。

下面我们看一个经典的递归案例：如图 3-3-9 所示，有一对兔子，从出生后第 3 个月起，每个月都生一对小兔子，小兔子长到第 3个月后每个月又生一对兔子。假如兔子不死，求一年内兔子的总数。

1个月　2个月　3个月

图 3-3-9　兔子的分类

这个问题的核心就是小兔子长到第 3 个月后每个月又生一对兔子；也就是说兔子在第 1 个月和第 2 个月都是不会生兔子的，只有在长到 3 个月大后每个月才可以生兔子。

为了对问题进行分析，我们可以用 3 种兔子来表示所有的兔子状态。如图 3-3-9 所示，1 个月和 2 个月的兔子不会生小兔子，3 个月及 3 个月以上的兔子每个月都会生一对小兔子。

下面我们通过一个列表来分析每个月的兔子数量，如图 3-3-10 所示。

第 1 个月：兔子只有 1 个月大，不会生兔子，只有 1 对兔子。

第 2 个月：兔子只有 2 个月大，不会生兔子，只有 1 对兔子。

第 3 个月：兔子有 3 个月大，会生 1 对兔子，兔子数量变为 2 对。

第 4 个月：有 1 对 3 个月大兔子和 1 对 1 个月大的兔子，会再生 1 对兔子，兔子数量变为 3 对。

第 5 个月：有 2 对 3 个月大兔子和 1 对 1 个月大的兔子，会再生 2 对兔子，兔子数量变为 5 对。

第 6 个月：有 3 对 3 个月大兔子和 1 对 1 个月大的兔子，会再生 3 对兔子，兔子数量变为 8 对。

我们发现兔子的数量规律，把每次兔子的情况分别用实线框和虚线框标记。其中，实线框兔子的数量是上个月兔子的数量，虚线框兔子的数量是上两个月兔子的数量。

兔子每个月的数量可以依次表示为 1，1，2，3，5，8，13，21，34，55，89……这样的数列我们称为斐波那契数列（Fibonacci sequence）。

如图 3-3-11 所示是使用递归来实现斐波那契数列（Fibonacci sequence），首先定义了一个 getFibonacciNum (int n)方法用于计算第 n 个斐波那契数。实例中的第 18 行代码相当于在 getFibonacciNum 方法的内部调用了自身，这就是方法的递归；第 n 个斐波那契数是第 n-1 个和第 n-2 斐波那契数的和；整个递归过程在 n=1 或 n=2 时结束；最后程序输出了 n 个斐波那契数的排列。

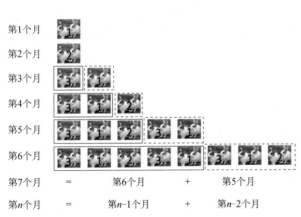

图 3-3-10　兔子的数量分析

图 3-3-11　斐波那契数列实现

总结：本小节首先介绍了 Java 的方法；然后通过具体的实例讲述了方法的重载；最后通过斐波那契数案例介绍了 Java 的方法的递归。

3.3.3　单元实训 1

1. 实训任务

输入一个整数 n，一个整数 m，输出 n 到 m 的所有质数（定义一个用于判断一个自然数是否为质数的方法）。如图 3-3-12 所示是程序的框架代码。

程序完成后的功能如图 3-3-13 所示。

```java
package chapter33;
import java.util.Scanner;
public class Task1 {
    public static void main(String[] args) {
        // TODO Auto-generated method stubint n;
        int iMin,iMax;
        System.out.println("请输入范围最小值:");
        Scanner scanner = new Scanner(System.in);
        iMin = scanner.nextInt();
        System.out.println("输入范围最小值为:"+iMin);
        System.out.println("请输入范围最大值:");
        iMax = scanner.nextInt();
        System.out.println("输入范围最大值为:"+iMax);
        System.out.println(iMin+"~"+iMax+"之间的质数有:");
        // write your own codes

    }
    public static boolean isPrime(int num) {
        // write your own codes

    }
}
```

图 3-3-12 输出所有质数框架代码

```
Console ⊠  Problems  Coverage                              ■ ✕ ※ | ▣ ▣ ▣ | ▣ ▣ ▾ ▯ ▾
<terminated> Task1 (8) [Java Application] C:\Program Files\Java\jdk1.8.0_191\bin\javaw.exe (2019年11月10日 上午7:43:35)
请输入范围最小值:
100
输入范围最小值为:100
请输入范围最大值:
200
输入范围最大值为:200
100~200之间的质数有:
101 103 107 109 113 127 131 137 139 149 151 157 163 167 173 179 181 191 193 197 199
```

图 3-3-13 输出所有质数运行效果

2. 编程过程

在 Eclipse 中创建包 chapter33，在包 chapter33 下创建类 Task2。

首先定义判断一个自然数是否为质数的方法 isPrime，输入参数为 int num；输出参数为 boolean 类型变量 flag。

如果输入参数 num 为 2 或者 3，flag 返回 true。

如果输入参数 num 为其他数，判断 n 是否能被 2~n/2 之间的整数整除，如果能被整除，则 n 为合数。

在 main 方法中定义并初始化键盘输入扫描类对象 Scanner mScanner。

将键盘的输入范围的最小值和最大值转换为 int 变量 iMin 和 iMax。

使用 for 循环遍历 iMin 到 iMax 的情况，使用 isPrime 方法判断这个数是否为质数。

如果是质数，就输出质数。

3. 编程源代码（图 3-3-14）

```java
package chapter33;
import java.util.Scanner;
public class Task1 {
    public static void main(String[] args) {
        // TODO Auto-generated method stubint n;
        int iMin,iMax;
        System.out.println("请输入范围最小值:");
        Scanner scanner = new Scanner(System.in);
        iMin = scanner.nextInt();
        System.out.println("输入范围最小值为:"+iMin);
        System.out.println("请输入范围最大值:");
        iMax = scanner.nextInt();
        System.out.println("输入范围最大值为:"+iMax);
        System.out.println(iMin+"~"+iMax+"之间的质数有:");
        // write your own codes
        for (int i = iMin; i <=iMax; i++) {
            if (isPrime(i)) {
                System.out.print(i+" ");
            }
        }
    }
    public static boolean isPrime(int num) {
        // write your own codes
        boolean flag = true;// false 代表合数，true 代表质数
        if (num == 2 || num == 3) {
            flag = true;
        }
        for (int i = 2; i <=num/2; i++) {
            //如果 n 能被 2~n/2 之间的整数整除,n 为合数
            if (num % i == 0) {
                flag = false;
                //只要有一个因数就说明 n 是合数,循环退出
                break;
            }
        }
        return flag;
    }
}
```

图 3-3-14　输出所有质数源代码

3.3.4　单元实训 2

1. 实训任务

汉诺塔问题是由很多放置在三个塔座上的盘子组成的一个古老的难题，如图 3-3-15 所示，所有的盘子的直径是不同的，并且盘子中央都有一个洞使得它刚好可以放在塔座上，所有的盘子刚开始都在 A 座上，需要将左边的盘子通过塔座 B 从塔座 A 移到塔座 C 上，每次只可以移动一个盘子，并且任何一个盘子都不可以放置在比它小的盘子上。

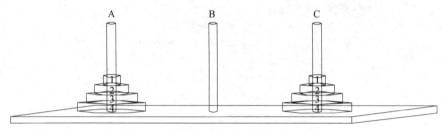

图 3-3-15　汉诺塔

如图 3-3-16 所示是程序的框架代码。

```java
package chapter33;
import java.util.Scanner;
public class Task2 {
        public static void main(String[] args) {
            // TODO Auto-generated method ;
            int iDishNum;
            System.out.println("请输入盘子的数量:");
            Scanner scanner = new Scanner(System.in);
            iDishNum = scanner.nextInt();
            System.out.println("盘子的数量为:"+iDishNum);
            // write your own codes
        }
        /**
     * 汉诺塔问题
     * @param int iDishNum  盘子个数(也表示名称)
     * @param String from  初始塔
     * @param String temp  中间塔
     * @param String to     目标塔
     */
    public static void move(int iDishNum, String from, String temp, String to) {
            // write your own codes

        }
    }
```

图 3-3-16　汉诺塔框架代码

程序完成后的功能如图 3-3-17 所示。

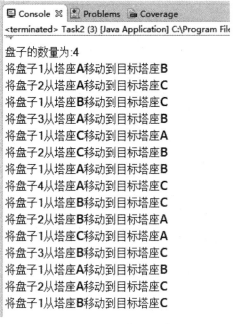

图 3-3-17 汉诺塔运行效果

2. 编程过程

首先假设有 1 个盘子，如果 A 上面有 1 个盘子，只需要把盘子 1 移到 C 上面就可以了，如图 3-3-18 所示。

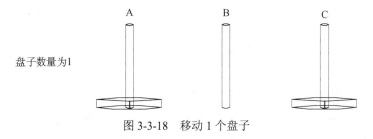

图 3-3-18 移动 1 个盘子

假设有 2 个盘子，盘子的大小按照阿拉伯数字命名。从小到大，A 上面有两个盘子，分别是 1 和 2；需要把 1 的盘子移到 B 上面，然后把 2 的盘子移到 C 上面，最后把 B 上面的盘子 1 移动到 C 上面就可以了，移动的过程如图 3-3-19 所示。

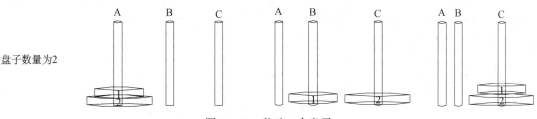

图 3-3-19 移动 2 个盘子

假设有 3 个盘子，从小到大，A 上面有三个盘子，分别是 1、2 和 3；需要把 1 和 2 的盘子移到 B 上面，然后把 3 的盘子移到 C 上面，最后把 B 上面的盘子 1 和 2 移动到 C 上面就可以了，移动的过程如图 3-3-20 所示。

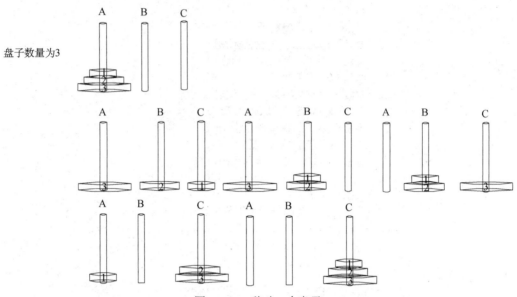

图 3-3-20 移动 3 个盘子

假设有 4 个盘子，从小到大，A 上面有四个盘子，分别是 1、2、3 和 4；需要把 1、2、3 盘子移到 B 上面，然后把 4 的盘子移到 C 上面，最后把 B 上面的盘子 1、2、3 移动到 C 上面就可以了，移动的过程如图 3-3-21 所示。

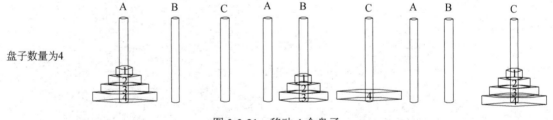

图 3-3-21 移动 4 个盘子

假设 N 个盘子在 A 的上面，我们将其看作只有两个盘子，只有（N-1）和 N 这两个盘子，先将 A 上面的 $N-1$ 个盘子放到塔座 B 上面，然后将第 N 个盘子放到目标塔 C 上面；然后 A 看作中间塔，B 上面的有 $N-1$ 个盘子，将第 $N-2$ 个以下的盘子看成一个盘子，放到中间 A 塔上面，然后将第 $N-1$ 个盘子放到 C 上面；现在 A 上面有 $N-2$ 个盘子，B 上面为空，按照上面的方式以此类推，如图 3-3-22 所示。

汉诺塔的算法步骤如下。

步骤 1：从初始塔 A 上移动包含 $N-1$ 个盘子到塔 B 上面。

步骤 2：将初始塔 A 上面剩下的一个盘子，放到塔 C 上面。

步骤 3：B 上面有 $N-1$ 个盘子，然后将塔 B 上的 $N-2$ 个盘子通过中介塔 C 放入到塔 A。

步骤 4：将 B 上面剩下的第 N-1 个盘子放到 C 上面。

步骤 5：重复步骤 3 和 4，依次将剩余的盘子放到 C 上面。

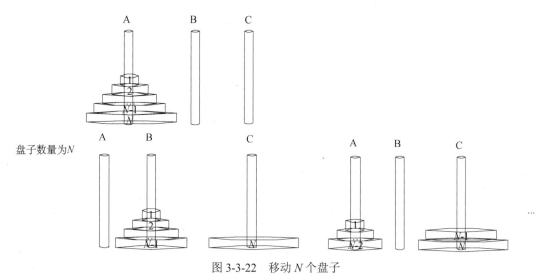

图 3-3-22 移动 N 个盘子

3. 编程源代码（图 3-3-23）

```java
package chapter33;
import java.util.Scanner;
public class Task2 {
        public static void main(String[] args) {
            // TODO Auto-generated method ;
            int iDishNum;
            System.out.println("请输入盘子的数量:");
            Scanner scanner = new Scanner(System.in);
            iDishNum = scanner.nextInt();
            System.out.println("盘子的数量为:"+iDishNum);
            // write your own codes
            Move(iDishNum, "A", "B", "C");
        }
        /**
 * 汉诺塔问题
 * @param int iDishNum  盘子个数(也表示名称)
 * @param String from  初始塔
 * @param String temp  中间塔
 * @param String to      目标塔
 */
```

```
public static void move(int iDishNum, String from, String temp, String to) {
    // write your own codes
    //圆盘只有一个的时候将其从盘子从初始塔 from 移动到目标塔 to
    if (iDishNum == 1) {
        System.out.println("将盘子" + iDishNum + "从塔座" + from + "移动到目标塔座" + to);
    }else {
        //可以把圆盘上面 iDishNum-1 个盘子当做一个整体移动
        //from 为初始塔座,to 为中介塔座,temp 为目标塔座
        Move(iDishNum-1,from,to,temp);
        //把 a 上面的最下面的一个盘子移到 c 上面
        System.out.println("将盘子"+iDishNum+"从塔座"+from+"移动到目标"+to);
        //temp 为初始塔座，from 为中介塔座，to 目标塔座
        Move(iDishNum-1,temp,from,to);
    }
}
```

图 3-3-23　汉诺塔源代码

3.4　单元小测

3.4.1　判断题

1. break 不是 Java 的保留字。 （　　）

2. break 语句最常见的用法是在 switch 语句中，通过 break 语句退出 switch 语句，使程序从整个 switch 语句后面的第一条语句开始执行。 （　　）

3. if 语句不可以嵌套使用，只有 if…else 才可以嵌套使用。 （　　）

4. if 语句可以嵌套使用，if…else 语句也可以嵌套使用。 （　　）

5. 在 switch 语句中，完成一个 case 语句块后，若没有通过 break 语句跳出 switch 语句，则会继续执行后面的 case 语句块。 （　　）

6. switch 语句中可以没有 default 子句。 （　　）

7. break 是 Java 的保留字，continue 不是 Java 的保留字。 （　　）

8. break 语句经常应用在 switch 语句中，通过 break 语句能退出 switch 语句，使程序从 switch 语句中的 default 语句开始执行。 （　　）

9. switch 语句中必须要有 default 子句。 （　　）

10. 分析下面这行代码 if(5&7>0&&5|2) System.out.println("true")，这行代码不能编译。 （　　）

11. if …else if 语句的执行效率总是比 switch 语句高。 （　　）

12. switch 语句的功能可以由 if…else if 语句来实现。 （　　）

13. case 子句中一般只可以有一条语句，当有多条语句时必须要用大括号{}括起来。

（   ）

3.4.2 单选题

1. 设 a、b 为 double 型变量，x、y 为 float 型变量，c 为 char 类型变量且它们均已被赋值，则下列语句中正确的是（   ）。

    A. switch（x+y）｛••••••｝   B. switch（c+1）｛••••••｝

    C. switch c｛••••••｝   D. switch（a+b）；｛••••••｝

2. 给定下面的代码（见图 3-4-1），程序的运行结果是（   ）。

```
public class Test {
    public static void main(String[] args) {
        String str = "abcefg";
        if ((str != null) && (str.length() > 10)) {
            System.out.println("more than 10");
        } else if ((str != null) & (str.length() > 5)){
            System.out.println("more than 5");
        } else {
            System.out.println("end");
        }
    }
}
```

图 3-4-1　练习代码 1

    A. more than 10   B. more than 10

    C. end   D. 程序出现编译错误

3. 关于以下程序段（见图 3-4-2），正确的说法是（   ）。

```
public class Test {
    public static void main(String[] args) {
        String s1 = "abc" + "def";
        String s2 = new String(s1);
        if (s1.equals(s2))
            System.out.println(".equals()");
        if (s1 == s2)
            System.out.println("==.equals()");
    }
}
```

图 3-4-2　练习代码 2

A. 行 7 与行 9 都将被执行   B. 行 7 被执行，行 9 不被执行

C. 行 9 被执行，行 7 不被执行   D. 行 7、行 9 都不被执行

4. 下列循环体执行的次数是（   ）。

```java
int x = 10, y = 30;
do {
    y -= x;
    x++;
} while (x++ < y--);
```

A. 1   B. 2   C. 3   D. 4

5. 设有程序段如下：

```java
int i = 2;
int j = 8;
do {
    if （i > j)
        continue;
    j--;
} while （++i < 6）;
```

这段代码结束后 i 和 j 的值是（   ）。

A. i=6，j=5   B. i=5，j=5

C. i=6，j=4   D. i=5，j=6

6. 有如下程序段：

```java
int total = 10;
for （int i = 0; i < 4; i++） {
    if （i == 1)
        continue;
    if （i == 2)
        break;
    total += i;
```

则执行完该程序段后 total 的值为（   ）。

A. 10   B. 11   C. 13   D. 26

7. 下面程序运行后结果为（   ）。

```java
public class Test {
public static void main （String[] args） {
    // TODO Auto-generated method stub
    for （int i = 0; i < 5; i++)
        System.out.print （i + 1）;
    }
}
```

A. 123456   B. 123455

C. 123450   D. 编译错误

8. 下列语句序列执行后，输出为（　　　）。

```java
public class Test {
public static void main（String[] args） {
    // TODO Auto-generated method stub
    int j = 2;
    for  （int i = 5; i > 0; i -= 2)
        j *= i;
    System.out.println（j）;
}
}
```

A. 30   B. 2

C. 120   D. 60

9. 下面的代码段中，执行之后 count 的值是（　　　）。

```java
public class Test {
public static void main（String[] args） {
    // TODO Auto-generated method stub
    int count = 0;
    for  （int i = 1; i <= 5; i++)  {
        count = count + i;
        System.out.println（count）;
    }
}
}
```

A. 5   B. 1

C. 15   D. 16

3.4.3　编程题

1. 企业发放的奖金根据利润提成。利润低于或等于 10 万元时，奖金可提 10%；利润高于 10 万元，低于 20 万元时，低于 10 万元的部分按 10%提成，高于 10 万元的部分，可提成 7.5%；利润在 20 万元到 40 万元之间时，高于 20 万元的部分，可提成 5%；利润在 40 万元到 60 万元之间时高于 40 万元的部分，可提成 3%；利润在 60 万元到 100 万元之间时，高于 60 万元的部分，可提成 1.5%，利润高于 100 万元时，超过 100 万元的部分按 1%提成，由键盘输入当月利润，求应发放奖金总数。如图 3-4-3 所示是框架代码。

程序完成后的功能如图 3-4-4 所示。

```
package chapter34;
import java.util.Scanner;
public class Task1 {
        public static void main(String[] args) {
            // TODO Auto-generated method stub
            double x = 0, y = 0;// x 为输入利润,y 为奖金
            Scanner mScanner = new Scanner(System.in);
            System.out.println("请输入利润（单位:万元):");
            x = mScanner.nextDouble();
            System.out.println("输入利润为:" + x + "万元");
        }
}
```

图 3-4-3　企业利润框架代码

请输入利润（单位:万元）:
105
输入利润为:105.0万元
应发奖金:4.0万元

请输入利润（单位:万元）:
70
输入利润为:70.0万元
应发奖金:3.5万元

图 3-4-4　企业利润运行效果

2. 输入一个 4 位整数，输出其各个位置上的数字之和。要求用 for 语句来实现。程序完成后的功能如图 3-4-5 所示。

请输入一个四位数:
1234
输入四位数为:1234
四位数各个位置上的和为:10

请输入一个四位数:
9876
输入四位数为:9876
四位数各个位置上的和为:30

图 3-4-5　四位数各位置数字之和运行效果

3. 完全数是一些特殊的自然数，它的所有真因子（除自己以外的约数）的和恰等于本身。求 1 到 n 之间的所有完全数。例如第一个完全数是 6，它的约数有 1、2、3、6，6=1+2+3；程序完成后的功能如图 3-4-6 所示。

请输入最大范围:
1000
1~1000数中,满足完全数条件的数为:6 28 496

图 3-4-6　完全数运行效果

第4章　类和对象

类与对象视频

4.1　类和对象概述

Java 是一种面向对象的程序设计语言，了解面向对象的编程思想对于学习 Java 开发相当重要。本小节我们讲解如何使用面向对象的思想开发 Java 应用，主要介绍面向对象的概念与类和对象两方面的内容。

4.1.1　面向对象的定义

面向对象是一种符合人类思维习惯的编程思想。现实生活中存在各种形态不同的事物，这些事物之间存在着各种各样的联系。

在程序中使用对象来映射现实中的事物，使用对象的关系来描述事物之间的联系，这种思想就是面向对象。提到面向对象，自然会想到面向过程，面向过程就是分析解决问题所需要的步骤，然后用函数把这些步骤一一实现，使用的时候一个一个依次调用就可以了。面向对象则是把解决的问题按照一定规则划分为多个独立的对象，然后通过调用对象的方法来解决问题。

一个应用程序会包含多个对象，通过多个对象的相互配合来实现应用程序的功能，这样当应用程序功能发生变动时，只需要修改个别的对象就可以了，从而使代码更容易得到维护。

面向对象的特点主要包括：封装性、继承性和多态性。

1. 封装

封装是面向对象的核心思想，将对象的属性和行为封装起来，不需要让外界知道具体实现细节，这就是封装思想。

例如，用户使用计算机，只需要使用手指敲键盘就可以了，无须知道计算机内部是如何工作的，即使用户可能碰巧知道计算机的工作原理，但在使用时，并不完全依赖计算机工作原理这些细节。

2. 继承性

继承性主要描述的是类与类之间的关系，通过继承，可以在无须重新编写原有类的情况下对原有类的功能进行扩展。

例如，有一个汽车的类，该类中描述了汽车的普通特性和功能，而轿车的类中不仅应该包含汽车的特性和功能，还应该增加轿车特有的功能。这时，可以让轿车类继承汽车类，在轿车类中单独添加轿车特性的方法就可以了。继承不仅增强了代码的复用性提高了开发效率，而且为程序的修改补充提供了便利。

3. 多态性

多态性指的是在程序中允许出现重名现象，它指在一个类中定义的属性和方法被其他类继承后，它们可以具有不同的数据类型或表现出不同的行为，这使得同一个属性和方法在不同的类中具有不同的语义。

例如，当听到"Cut"这个单词时，理发师的行为是剪发，演员的行为是停止表演，不同的对象所表现的行为是不一样的。

4.1.2 类与对象

面向对象的思想中有两个概念，即类和对象。其中，类是对某类事物的抽象描述，而对象用于表示现实中该类事物的个体。如图 4-1-1 所示描述了类与对象的关系。

图 4-1-1　类与对象的关系

可以将汽车模具看作一个类，将每个大众高尔夫汽车看作对象，从模具和高尔夫汽车之间的关系便可以看出类与对象之间的关系。

类用于描述多个对象的共同特征，它是对象的模板。

对象用于描述现实中的个体，它是类的实例，对象有自己的属性，比如汽车的颜色各自不同。

如图 4-1-2 所示定义了一个 public 公有类。其中，Student 是类名，strName、iNum、strCls 是成员变量，introduce()是成员方法，用于做自我的介绍。在成员方法 introduce()中可以直接访问成员变量 strName、iNum、strCls。

```
public class Student {
    String strName；// 定义 String 字符类型姓名
    int iNum；// 定义 int 整数类型的学号
    String strCls；// 定义 String 字符类型班级
    // 定义一个介绍自己的方法
    public void introduce() {
        System.out.println("我来自" + strCls+ "；"
            + "我的姓名为:"+ strName + "；"
            + "我的学号为:" + iNum);
    }
}
```

图 4-1-2　类的定义

应用程序想要完成具体的功能，仅有类是远远不够的，还需要根据类创建实例对象。Java 程序中可以使用 new 关键字来创建对象，具体格式如下：类名 对象名称=new 类名()；新建一个学生对象的代码如下：Student s1=new Student()。

在内存中变量 s1 和对象之间的引用关系如图 4-1-3 所示，new Student()用于创建 Student 类的一个实例对象，Student s1 则声明了一个 Student 类型的变量 s1；中间的等号用于将 Student 对象在内存中的地址赋值给变量 s1，这样变量 s1 便可以访问对象。

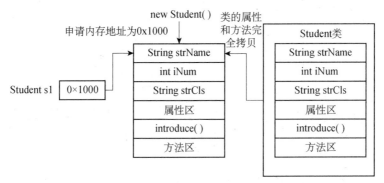

图 4-1-3　Student 类对象的内存结构

创建 Student 对象后，可以通过对象的引用来访问对象所有的成员，具体格式如下：对象引用.对象成员()。如图 4-1-4 所示是类对象成员访问的实例：首先定义了 Student 类的对象 s1；通过 s1.strCls、s1.iNum、s1.strName 分别设置了学生的班级、学号和姓名；最后使用 s1.introduce()输出学生的信息。

如图 4-1-5 所示是一个创建两个学生对象的实例：定义了两个 Student 类的对象 s1 和 s2；分别设置了学生的班级、学号和姓名；最后使用 introduce（）方法分别输出两个学生的信息。

图 4-1-4　类对象成员访问的实例　　　　　图 4-1-5　类对象实例

如图 4-1-6 所示是一个创建两个学生对象的实例的内存结构图：在内存中分别申请了与 Student 类同样大小的两块内存，并将内存中的地址分别赋值给变量 s1 和 s2，s1 和 s2 类对象中的变量赋值后，内存中的属性区的值也发生了变化。类对象 s1 和 s2 调用各自的方法进行输出，输出的结果也不同。

如图 4-1-7 所示，我们定义 Student 类的时候，strName、iNum、strCls 成员变量的属性都是默认公有的，在别的类中可以直接调用。在设计类的过程中，对于类的成员变量的访问应该设置为私有，不允许随便访问。

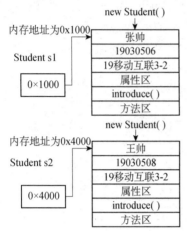

```java
 *Student.java ⋈
 2 public class Student {
 3     String strName;//定义String字符类型姓名
 4     int iNum;//定义int整数类型的学号
 5     String strCls;//定义String字符类型班级
 6     //定义一个介绍自己的方法
 7     public void introduce() {
 8         System.out.println("我来自"+strCls+";"
 9             + "我的姓名为:"+strName+";"
10             + "我的学号为:"+iNum);
11     }
12 }
```

图 4-1-6 两个 Student 类对象内存结构   图 4-1-7 类公有属性实例

如图 4-1-8 所示是类的属性封装的一个实例，定义一个类时，将类中的属性私有化，即使用 private 关键字来修饰，私有属性只能在它所在类中被访问。在类中定义了三个私有化的 strName、iNum、strCls 成员变量；这三个私有变量只能在本类中访问，为了能让外界访问私有属性，需要提供一些使用 public 修饰的公有方法，其中包括用于获取属性值的 getXxx()方法和设置属性值的 setXxx()方法。

在类的空白处右键选择"source"->"Generate Getters and Setters"可以根据定义的属性自动生成 get 和 set 方法；用于获取 strName、iNum、strCls 三个变量属性值的方法分别为 getStrName、getiNum、getStrCls；用于设置 strName、iNum、strCls 三个变量属性值的方法分别为 setStrName、setiNum、setStrCls。

如图 4-1-9 所示是一个创建两个学生对象的实例，定义了两个 Student 类的对象 s1 和 s2。在这个实例中，由于类的属性为私有，不能直接访问，因此使用类的属性的 set 方法分别设置了学生的班级、学号和姓名；最后使用 introduce()方法分别输出两个学生的信息。

```java
 2 public class Student2 {
 3     private String strName;//定义String字符类型姓名
 4     private int iNum;//定义int整数类型的学号
 5     private String strCls;//定义String字符类型班级
 6     //鼠标右键选择"source"->"Generate Getters
 7     //and Setters"可以自动生成代码   get和set方法可以自
 8     public String getStrName() {⬚   动生成
11     public void setStrName(String strName) {⬚
14     public int getiNum() {⬚
17     public void setiNum(int iNum) {⬚
20     public String getStrCls() {⬚
23     public void setStrCls(String strCls) {
24         this.strCls = strCls;
25     }
26     //定义一个介绍自己的方法
27     public void introduce() {
28         System.out.println("我来自"+strCls+";我的姓名为:"+
29         strName+";我的学号为:"+iNum);
30     }
31
32 }
```

```java
 1 package chapter41;
 2 public class ObjectCreate2 {
 3     public static void main(String[] args) {
 4         Student2 s1=new Student2();
 5         Student2 s2=new Student2();
 6         s1.setStrCls("19移动互联3-2");
 7         s1.setiNum(19030506);
 8         s1.setStrName("张帅");
 9         s2.setStrCls("19移动互联3-2");
10         s2.setiNum(19030508);
11         s2.setStrName("王帅");
12         s1.introduce();
13         s2.introduce();
14     }
}
```
使用set方法进行对象属性设置

```
 Problems  Javadoc  Declaration  Console
<terminated> ObjectCreate2 [Java Application] C:\Program Files\Java\jdk1.8.0_191\bin\javaw.exe (2019年9
我来自19移动互联3-2;我的姓名为:张帅;我的学号为:19030506
我来自19移动互联3-2;我的姓名为:王帅;我的学号为:19030508
```

图 4-1-8 类实例   图 4-1-9 类私有属性访问实例

总结：本书首先介绍了面向对象的概念和特点；然后通过具体的实例讲述了类的定义；最后通过学生信息类的实例介绍了类的对象创建和使用方法。

4.1.3　单元实训

1. 实训任务

设计一个 Person 类，Person 的信息包括私有的属性，如班级、姓名、性别、年龄、体重和家庭住址，Person 包含设置和获取这些私有属性的方法；完成 Person 类后，设计一个班级类 Task1，在班级类中新建两个学生 Person 对象，设置这两个学生 Person 对象的属性，并输出这两个学生对象的信息，程序完成后的功能如图 4-1-10 所示。

```
Problems  @ Javadoc  Declaration  Console ☒
<terminated> Task1 [Java Application] E:\Jdk14\bin\javaw.exe  (2020年3月29日 上午2:48:59 – 上午2:49:01)
班级：19互联3-2；姓名：张三；性别：男；年龄：19；体重：60kg；家庭住址：江苏省南京市
班级：19软件3-2；姓名：李芳；性别：女；年龄：19；体重：45kg；家庭住址：广东省深圳市
```

图 4-1-10　Person 学生对象运行效果

2. 编程过程

在 Eclipse 中创建包 chapter41，在包 chapter41 下创建类 Person。

定义一个 public 公有类 Person。其中，Person 是类名，定义私有的属性，如班级、姓名、性别、年龄、体重和家庭住址等，并设置私有属性的 get 和 set 方法。

定义公有的 introduce()方法，用于做自我的介绍。在成员方法 introduce()中可以通过 get 方法依次调用私有属性班级、姓名、性别、年龄、体重和家庭住址，如图 4-1-11 所示。

```java
package chapter41;
public class Person {
    private String strCls;// 定义 String 字符类型班级
    private String strName;// 定义 String 字符类型姓名
    private String strSex;// 定义 String 字符类型性别
    private String strAge;// 定义 String 字符类型年龄
    private String strWeight;// 定义 String 字符类型体重
    private String strAddress;// 定义 String 字符类型家庭地址
    public String getStrCls() {
        return strCls;
    }
    public void setStrCls(String strCls) {
        this.strCls = strCls;
    }
    public String getStrName() {
        return strName;
    }
}
```

图 4-1-11　Person 类的定义

```java
        public void setStrName(String strName) {
            this.strName = strName;
        }
        public String getStrSex() {
            return strSex;
        }
        public void setStrSex(String strSex) {
            this.strSex = strSex;
        }
        public String getStrAge() {
            return strAge;
        }
        public void setStrAge(String strAge) {
            this.strAge = strAge;
        }
        public String getStrWeight() {
            return strWeight;
        }
        public void setStrWeight(String strWeight) {
            this.strWeight = strWeight;
        }
        public String getStrAddress() {
            return strAddress;
        }
        public void setStrAddress(String strAddress) {
            this.strAddress = strAddress;
        }
        public void introduce() {
            System.out.println("班级:" + strCls + ";姓名:" + strName +
                    ";性别:" + strSex + ";年龄:" + strAge + ";" + "体重:"
                    + strWeight + ";家庭住址:" + strAddress);
        }
    }
```

图 4-1-11　Person 类的定义（续）

在包 chapter41 下创建类 Task1。如图 4-1-12 所示是一个创建两个学生对象的实例，定义了两个 Person 类的对象 p1 和 p2。在这个实例中，由于类的属性为私有，不能直接访问，因此，使用类的属性的 set 方法分别设置了私有属性班级、姓名、性别、年龄、体重和家庭住址；最后使用 introduce()方法分别输出这两个学生的信息。

```
package chapter41;
public class Task1 {
    public static void main(String[] args) {
        // TODO Auto-generated method stub
        Person p1=new Person();
        p1.setStrCls("19 互联 3-2");
        p1.setStrName("张三");
        p1.setStrSex("男");
        p1.setStrAge("19");
        p1.setStrWeight("60kg");
        p1.setStrAddress("江苏省南京市");
        p1.introduce();
        Person p2=new Person();
        p2.setStrCls("19 软件 3-2");
        p2.setStrName("李芳");
        p2.setStrSex("女");
        p2.setStrAge("19");
        p2.setStrWeight("45kg");
        p2.setStrAddress("广东省深圳市");
        p2.introduce();
    }
}
```

图 4-1-12　Task1 实例

4.2　构造方法与 this 关键字

4.2.1　构造方法

构造方法和 this
关键字视频

　　我们在上一节类与对象的学习中了解到，实例化一个类的对象后，如果要为这个对象中的属性赋值，就必须通过直接访问对象的属性或调用 setXxx()方法才可以；如果需要在实例化对象的同时就为这个对象的属性进行赋值，我们还可以通过构造方法来实现。

　　在一个类中定义的方法如果同时满足以下三个条件，该方法称为构造方法。

　　（1）方法名与类名相同。

　　（2）方法名的前面没有返回值类型的声明。

　　（3）方法中没有使用 return 语句返回一个值。

　　如图 4-2-1 所示是一个构造方法的定义实例，在 Student 类中定义了一个无参的构造方法；如果这个无参的构造方法被调用，就会输出一句"无参构造方法被调用"的语句。

```
public class Student {
    private String strName; //定义 String 字符类型姓名
    private int iNum; //定义 int 整数类型的学号
    private String strCls; //定义 String 字符类型班级
    //定义一个无参的构造方法
    public Student() {
        System.out.println("无参构造方法被调用");
    }
    //定义一个介绍自己的方法
    public void introduce() {
        System.out.println("我来自"+strCls+"; 我的姓名为: "+
            strName+"; 我的学号为: "+iNum);
    }
}
```

图 4-2-1 构造方法的定义实例

如图 4-2-2 所示是一个对象实例化的例子，定义了一个 Student 对象 s1，在实例化 Student 对象的时候调用了构造方法 Student()；构造方法被调用的过程中输出"无参构造方法被调用"的语句。

在一个类中除了定义无参的构造方法，还可以定义有参的构造方法，通过有参的构造方法就可以实现对属性的赋值。

如图 4-2-3 所示，在有参的构造函数 Student（String Name）中，将参数 Name 的值传给了 Student 类的 strName。

```
1 package chapter42;
2 public class ConstructExample {
3    public static void main(String[] args) {
4        Student s1=new Student();
5    }
6 }
              实例化Student对象的时候会调用构造方法

Problems  Javadoc  Declaration  Console 
<terminated> ConstructExample [Java Application] C:\Program Files\Java\jdk1.8.0_191\bin\javaw.exe
无参构造方法被调用   构造方法被调用输出无参构造方法被调用
```

图 4-2-2 构造方法应用实例

```
3 public class Student {
4    private String strName;// 定义String字符类型姓
5    private int iNum;// 定义int整数类型的学号
6    private String strCls;// 定义String字符类型班级
7    // 定义一个无参的构造方法
8    public Student() {}
11    public Student(String Name) {
12        strName = Name; 带参数的构造方法
13    }
14    // 定义一个介绍自己的方法
15    public void introduce() {
16        System.out.println("我来自" + strCls + "
17            + strName + ";我的学号为:" + iNum);
18    }
```

图 4-2-3 有参的构造方法定义

如图 4-2-4 所示，在实例化 Student 类对象的时候，使用了有参的构造方法，将"张帅"传递给了 Student s1 对象的姓名属性；使用类对象的 introduce()进行输出的时候，输出了对象的姓名，由于学号和班级属性没有设置，因此这两个属性输出为空。

与普通方法一样，构造方法也可以重载，在一个类中可以定义多个构造方法，只要每一个构造方法的参数类型或者参数个数不同。在创建对象的时候，可以通过调用不同的方法为不同的属性赋值。

如图 4-2-5 所示，在 Student 类中增加了一个构造方法，方法中的参数分别为姓名、学号和班级；构造方法中，分别设置 Student 类中的姓名、学号和班级这三个属性值。

```
1 package chapter42;
2 public class ConstructExample {
3⊖    public static void main(String[] args) {
4        Student s1=new Student("张帅");
5        s1.introduce();
6    }                构造函数设置了姓名属
7 }                   性
```

```
 Problems  @ Javadoc  Declaration   Console ⅩⅩ
                          ■ ✖ ✗  ▣ ₪ ⍰  ⬔ ▦ ▾ ▭ ▾
<terminated> ConstructExample [Java Application] C:\Program Files\Java\jdk1.8.0_191\bin\javaw.exe
我来自null;我的姓名为:张帅,我的学号为:0
```

图 4-2-4　有参的构造方法实例

```
public class Student {
    private String strName;// 定义String字符类型姓名
    private int iNum;// 定义int整数类型的学号
    private String strCls;// 定义String字符类型班级
    // 定义一个无参的构造方法
    public Student() {
    public Student(String Name) {
        strName = Name;
    }
    public Student(String Name,int Num,String Cls) {
        strName = Name;
        iNum=Num;            Student类中重载了一个构造方法
        strCls=Cls;
    }
    // 定义一个介绍自己的方法
    public void introduce() {
        System.out.println("我来自" + strCls + ";我的姓名为:"
        + strName + ";我的学号为:" + iNum);
    }
}
```

图 4-2-5　构造方法重载

如图 4-2-6 所示定义了两个 Student 对象 s1 和 s2，根据传入参数的不同，分别调用不同的构造方法。从程序的输出结果来看，两个构造方法对于对象属性赋值是不同的。s1 对象的构造函数只对姓名属性赋值，而 s2 对象的构造函数对姓名、学号和班级三个属性进行了赋值。

```
1 package chapter42;
2 public class ConstructExample {
3⊖    public static void main(String[] args) {
4        Student s1=new Student("张帅");
5        s1.introduce();
6        Student s2=new Student("王帅",190405001,
7            "19移动互联3-2班");
8        s2.introduce();
9    }                定义了两个Student对象
10 }                  使用不同的构造函数
```

```
 Problems  @ Javadoc  Declaration   Console ⅩⅩ
                          ■ ✖ ✗  ▣ ₪ ⍰  ⬔ ▦ ▾ ▭ ▾
<terminated> ConstructExample [Java Application] C:\Program Files\Java\jdk1.8.0_191\bin\javaw.exe (201
我来自null;我的姓名为:张帅,我的学号为:0
我来自19移动互联3-2班;我的姓名为:王帅,我的学号为:190405001        输出结果
```

图 4-2-6　构造方法重载实例

4.2.2　this 关键字

本小节我们介绍 this 关键字。如图 4-2-7 所示，在构造方法中，使用变量表示姓名时，构造方法中使用的是 Name，成员变量使用的是 strName，构造方法和成员变量在表示班级和学号的时候，使用的变量名也不一致。

```
3  public class Student {
4      private String strName;// 定义String字符类型姓名
5      private int iNum;// 定义int整数类型的学号
6      private String strCls;// 定义String字符类型班级
7      // 定义一个无参的构造方法         姓名，学号和班级；类中成员变量
8⊖     public Student() {             与构造函数中参数名称不一致
11⊖    public Student(String Name) {
14⊖    public Student(String Name,int Num,String Cls) {
15         strName = Name;
16         iNum=Num;
17         strCls=Cls;
18     }
```

图 4-2-7　构造方法实例

这样的程序可读性很差，需要将一个类中表示相同内容的变量进行统一的命名，例如将姓名、班级和学号都声明为 strName、strCls、iNum。但是这样做又会导致成员变量和局部变量的名称冲突，在方法中将无法访问成员变量 strName、strCls、iNum，为了解决这个问题，Java 中提供了一个关键字 this 用于在方法中访问对象的成员变量。

下面我们介绍在构造方法中使用 this 关键字的一个实例，如图 4-2-8 所示。通过 this 关键字可以明确地去访问一个类的成员变量，解决与局部变量名称冲突问题；构造方法的参数被定义为 strName、iNum、strCls，它们是局部变量，在类中还定义了三个成员变量，名称也是 strName、iNum、strCls。

```
 3  public class Student {
 4      private String strName;// 定义String字符类型姓名
 5      private int iNum;// 定义int整数类型的学号
 6      private String strCls;// 定义String字符类型班级
 7      // 定义一个无参的构造方法
 8      public Student() {
11      public Student(String strName) {
14      public Student(String strName, int iNum, String strCls) {
15          super();
16          this.strName = strName;
17          this.iNum = iNum;          不用this，指的是构造方法参数
18          this.strCls = strCls;
19      }
```
this明确访问类对象的成员变量

图 4-2-8　使用 this 关键字实例

在构造方法中，如果使用 strName、iNum、strCls，则访问的是局部变量；但如果使用 this.strName、this. iNum、this.strCls，则访问的是成员变量。

下面我们介绍一个构造方法中使用 this 关键字的案例。构造方法是在实例化对象时被 Java 虚拟机自动调用的，在程序中不能像调用其他方法一样去调用构造方法；但可以在一个构造方法中使用 this(参数 1、参数 2……)的形式来调用其他的构造方法。如图 4-2-9 所示，在有参的构造方法中使用 this()调用了一个无参的构造方法。

```
 2  public class Student {
 3      private String strName;// 定义String字符类型姓名
 4      private int iNum;// 定义int整数类型的学号
 5      private String strCls;// 定义String字符类型班级
 6      // 定义一个无参的构造方法
 7      public Student() {    调用了无参构造方法
 8          System.out.println("无参构造方法被调用");
 9      }
10      public Student(String strName, int iNum, String strCls) {
11          this();         构造方法中使用this(参数类型 变量名, ...)
12          this.strName = strName;      调用其他构造方法
13          this.iNum = iNum;
14          this.strCls = strCls;
15      }
```

图 4-2-9　构造方法中使用 this 关键字

如图 4-2-10 所示，使用有参的构造方法实例化对象 Student，在运行结果中，我们发现无参的构造方法被调用，两个构造方法同时被调用。

使用 this 调用类的构造方法时，只能在构造方法中使用 this 调用其他的构造方法，不能在成员方法中使用。在构造方法中，使用 this 调用构造方法的语句必须位于第一行，且只能出现一次。

```
1 package chapter42;
2 public class ConstructExample {
3⊖    public static void main(String[] args) {
4        Student s1=new Student(
5            "王帅",190405001,
6            "19移动互联3-2班");
7        s1.introduce();
8    }
9 }
```

这个有参构造方法中使用this
调用了无参构造函数

🔲 Problems @ Javadoc 🔲 Declaration 🔲 Console ✕

<terminated> ConstructExample [Java Application] C:\Program Files\Java\jdk1.8.0_191\bin\javaw.e

无参构造方法被调用

我来自19移动互联3-2班;我的姓名为:王帅;我的学号为:190405001

图 4-2-10 构造方法中使用 this 关键字实例

总结：本节首先介绍了构造方法的作用和语法结构；然后通过具体的实例讲述了构造方法的重载；最后通过编程案例介绍了 this 关键字的使用方法和特点。

4.2.3 单元实训

1. 实训任务

设计一个 Person 类，Person 的信息包括私有的属性，如班级、姓名、性别、年龄、体重和家庭住址等，Person 包含设置和获取这些私有属性的方法，为 Person 类设计构造方法，构造方法包括的参数为 Person 的私有属性；完成 Person 类后，设计一个班级类 Class，在班级类中新建两个学生 Person 对象，通过构造方法设置这两个学生 Person 对象的属性，并输出这两个学生对象的信息，程序完成后的功能如图 4-2-11 所示。

🔲 Problems @ Javadoc 🔲 Declaration 🔲 Console ✕

<terminated> Task1 (1) [Java Application] E:\Jdk14\bin\javaw.exe (2020年3月29日 上午3:20:17 – 上午3:20:18)

班级:**19互联3-1**;姓名:李四;性别:男;年龄:**19**;体重:**60kg**;家庭住址:浙江省杭州市
班级:**19互联3-1**;姓名:王芳张三;性别:女;年龄:**18**;体重:**40kg**;家庭住址:广东省广州市

图 4-2-11 Person 构造函数调用运行效果

2. 编程过程

在 Eclipse 中创建包 chapter42，在包 chapter42 下创建类 Person。在 4.1.3 的单元实训 Person 类的代码基础上，增加一个构造方法，构造方法的参数为私有的属性，如班级、姓名、性别、年龄、体重和家庭住址等，如图 4-2-12 所示。

在包 chapter42 下创建类 Task1。如图 4-2-13 所示是一个创建两个学生对象的实例：定义了两个 Person 类的对象 p1 和 p2。在这个实例中，使用构造函数分别设置了私有属性班级、姓名、性别、年龄、体重和家庭住址；最后使用 introduce()方法分别输出两个学生的信息。

```
package chapter42;
public class Person {
public Person(String strCls, String strName, String strSex,
String strAge, String strWeight, String strAddress) {
        Super();
        this.strCls = strCls;
        this.strName = strName;
        this.strSex = strSex;
        this.strAge = strAge;
        this.strWeight = strWeight;
        this.strAddress = strAddress;
    }
}
```

图 4-2-12　Person 类构造函数

```
package chapter42;
public class Task1 {
    public static void main(String[] args) {
        // TODO Auto-generated method stub
        Person p1=new Person("19 互联 3-1","李四","男","19","60kg","浙江省杭州市");
        p1.introduce();
        Person p2=new Person("19 互联 3-1","王芳张三","女","18","40kg","广东省广州市");

        p2.introduce();
    }
}
```

图 4-2-13　Task1 实例

4.3　static 关键字与内部类

Java 中定义了一个 static 关键字用于修饰类的成员，如成员变量、成员方法及代码块等。本节我们将对 static 的语法格式和使用方法及内部类的使用方法进行讲解。

static 关键字与
内部类视频

4.3.1　static 关键字

在定义一个类时，只是在描述某类事物的特征和行为，并没有产生具体的数据。通过 new 关键字创建该类的实例对象后，系统才会为每个对象分配空间，存储各自的数据。有时候，我们希望某些特定的数据在内存中只有一份，而且能够被一个类的所有实例对象共享。

例如，Student 类所有学生共享同一个班级名称，此时完全不必在每个学生对象所占用的内存空间中都定义一个变量来表示学校名称，而可以在对象以外的空间定义一个表示学校名称的变量让所有对象来共享。

如图 4-3-1 所示，在 Student 类中定义了一个 static 字符类型的 strCls 班级变量；在使用 new 方法生成两个 Student 类对象 s1 和 s2 后，s1 和 s2 可以访问 Student 类的静态变量 strCls。

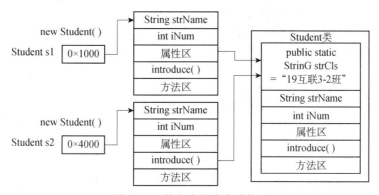

图 4-3-1　静态变量内存结构图

如图 4-3-2 所示是静态变量定义的实例，在 Student 类中定义了一个 static 字符类型的 strCls 班级变量；一个 Student 类的构造方法，参数只包括姓名和学号。在 Student 类中还定义了一个 introduce 的方法，在 Student 类的 introduce 方法中可以访问静态变量 strCls。

如图 4-3-3 所示是静态变量访问的实例，使用 new 方法生成两个 Student 类对象 s1 和 s2，调用构造方法的时候传入的参数只有姓名和学号。虽然没有传入班级这个参数，但是 Student 类对象 s1 和 s2 可以调用 Student 的静态变量 strCls，输出结果中可以看到，Student 类对象 s1 和 s2 的班级名都是"19 互联 3-2 班"。

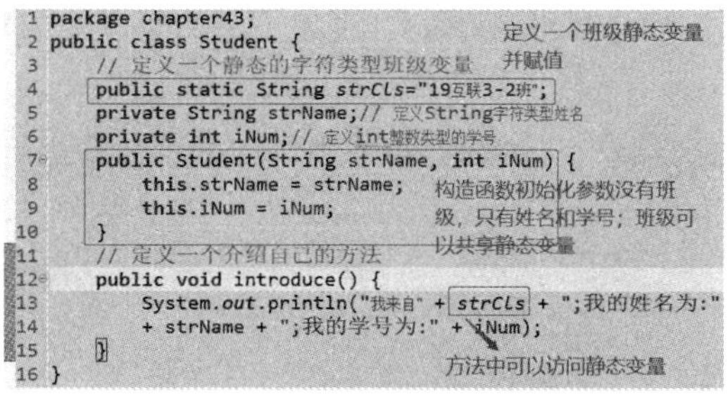

图 4-3-2　静态变量定义实例 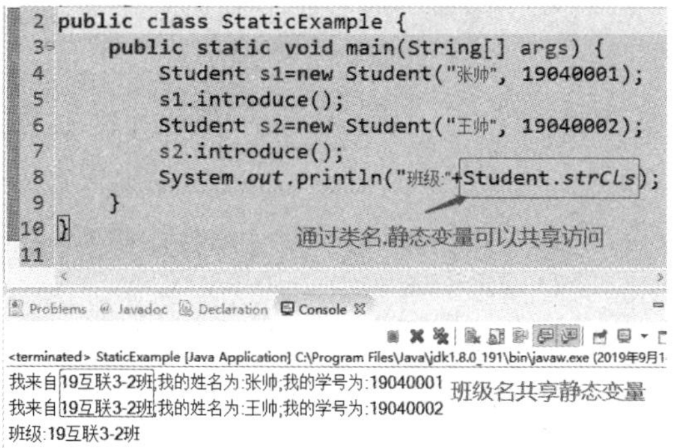　　　　　图 4-3-3　静态变量访问实例

Java 程序设计基础

我们还可以在类中直接通过"类名.静态变量"来共享访问类中定义的静态变量，同样可以输出班级的名称。

有时我们希望在不创建对象的情况下就可以调用某个方法，也就是使该方法不必和对象绑在一起。要实现这样的效果，只需要在类中定义的方法前加上 static 关键字即可，我们称这种方法为静态方法。

如图 4-3-4 所示是静态方法的调用结构内存图，在 Stu 类中定义了一个静态方法 introduce；在任何类中，我们都不需要创建 Stu 类对象，都可以通过 Stu.introduce 调用这个静态方法。

如图 4-3-5 所示是静态方法定义的实例，在 Stu 类中定义了一个 public static 的 introduce 方法；在 Stu 类的 introduce 静态方法中只能访问静态变量 strCls。

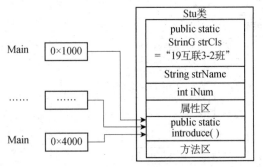

图 4-3-4　静态方法的调用结构内存图

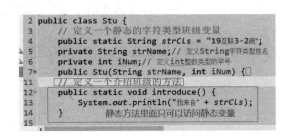

图 4-3-5　静态方法定义实例

如图 4-3-6 所示是静态变量访问的实例，不需要生成 Stu 类对象，使用"类名.静态方法名"就可以访问 Stu 类的静态方法，输出结果中可以看到输出班级的名称。

图 4-3-6　静态方法访问实例

单例模式是 Java 中的一种设计模式，它是指在设计一个类时，需要保证在整个程序运行期间针对该类只存在一个实例对象。

比如，现在要设计一个类表示网络接发送队列，程序只需要一个实例对象，否则就浪费了网络资源。

如图 4-3-7 所示是单例模式实例。Single 类就实现了单例模式，它具备如下的特点。

（1）声明了一个私有的构造方法，外部不能使用 new 关键字来创建实例对象。

（2）类的内部创建一个该类的实例对象，并使用私有的静态变量 INSTANCE 引用，禁止外界直接访问。

（3）为了让类的外部能够获得类的实例对象，定义一个静态方法 getInstance 用于返回 Single 类实例 INSTANCE。

如图 4-3-8 所示是单例模式的一个实例，使用 Single.getInstance 实例化了两个 Singe 对象 s1 和 s2，由于 Single 是单例模式的，因此对象 s1 和 s2 指向了同一个内存地址，因此输出结果中，打印 s1 和 s2 的地址是一样的。

图 4-3-7　单例模式实例 1　　　　　　　　图 4-3-8　单例模式实例 2

如图 4-3-9 所示是单例模式实例的内存结构，可以看出，由于采用的是单例模式，Single.getInstance 获取的只有一个 Single 实例，两个 Singe 对象 s1 和 s2 指向的地址是同一块地址。

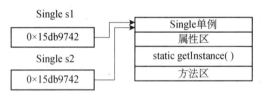

图 4-3-9　单例模式实例的内存结构

4.3.2　内部类

Java 中，允许在一个类的内部定义类，这样的类称作内部类，这个内部类所在的类称作外部类。

根据内部类的位置、修饰符和定义的方式可分为成员内部类、静态内部类、方法内部类。

如图 4-3-10 所示是一个成员内部类的例子，在一个类中除了可以定义成员变量、成员方法外，还可以定义类，这样的类被称作成员内部类。

在外部类 Outer 类里面定义了一个 Inner 类，Inner 类里面定义了一个 Show 方法，Show 方法可以访问外部 Outer 类的属性。

如图 4-3-11 所示是 Outer 类的内存结构。Outer 类的 introduce 方法中创建了内部类 Inner 的实例对象，并通过该对象调用 Show()方法，将班级名称进行输出打印。

如图 4-3-12 所示是成员内部类调用实例，从运行结果可以看出，内部类可以在外部类中使用，并能访问外部类的成员变量。

```
2  public class Outer {
3      private String strCls="19互联3-2";
4      public void introduce() { 实例化内部类
5          Inner mInner=new Inner();
6          mInner.show();
7      }
8      class Inner{
9          void show() {
10             System.out.println(strCls);
11         }
12             Inner内部类
13 }
```

图 4-3-10　成员内部类实例　　　　　　图 4-3-11　成员内部类内存结构

```
2  public class OutExample {
3      public static void main(String[] args) {
4          Outer mOuter=new Outer();
5          Outer.Inner mInner=new Outer().new Inner();
6          mOuter.introduce();
7          mInner.show();          通过外部类创建内部
8      }                            类对象
9
10 }
```

<terminated> OutExample [Java Application] C:\Program Files\Java\jdk1.8.0_191\bin\javaw.exe (2019年9月16日 上:

19互联3-2
19互联3-2

图 4-3-12　成员内部类调用实例

　　如果想通过外部类去访问内部类，则需要通过外部类对象去创建内部类对象，创建内部类对象的具体语法格式见第 5 行代码。

　　如图 4-3-13 所示是成员内部类调用实例的内存结构，可以看出，实例化了 Outer 和 Inner 两个对象。mOuter 通过 introduce 方法调用了 Inner 内部对象的 Show 方法，而 mInner 直接调用了自己的 Show 方法。

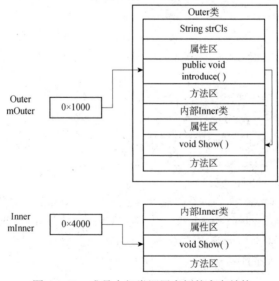

图 4-3-13　成员内部类调用实例的内存结构

总结：本节首先介绍了 static 的作用和语法结构；然后通过具体的实例讲述了静态变量、静态方法和单例模式的使用过程；最后通过案例介绍了内部类的定义和使用方法。

4.3.3　单元实训

1. 实训任务

定义一个计算类，计算长方体的面积和体积，要求用静态方法完成。程序完成后的功能如图 4-3-14 所示。

```
Problems  @ Javadoc  Declaration  Console ⊠
<terminated> Task1 (2) [Java Application] E:\Jdk14\bin\javaw.e
请输入长方体的长：
1.2
长方体的长为：1.2
请输入长方体的宽：
1.3
长方体的宽为：1.3
请输入长方体的高：
1.4
长方体的高为：1.4
长方体的面积为：10.12
长方体的体积为：2.18
```

图 4-3-14　计算长方体面积和体积的运行效果

2. 编程过程

在 Eclipse 中创建包 chapter43，在包 chapter43 下创建类 Calcute；在 Calcute 类中新建两个静态全局方法，如图 4-3-15 所示。

```java
package chapter43;
public class Calcute {
    public static double Area(double a,double b,double c) {
        return a*b*2+a*c*2+b*c*2;
    }
    public static double Cube(double a,double b,double c) {
        return a*b*c;
    }
}
```

图 4-3-15　Calcute 类方法

在包 chapter43 下创建类 Task1，从键盘中依次输入长方体的长、宽、高，调用 Calcute 类中的静态方法 Area 计算长方体的面积，调用 Calcute 类中的静态方法 Cube 计算长方体的体积，如图 4-3-16 所示。

```
package chapter43;
import java.util.Scanner;
public class Task1 {
        public static void main(String[] args) {
            // TODO Auto-generated method stub
            double a,b,c;
            System.out.println("请输入长方体的长:");
            Scanner scanner = new Scanner(System.in);
            a = scanner.nextDouble();
            System.out.println("长方体的长为:"+a);
            System.out.println("请输入长方体的宽:");
            b = scanner.nextDouble();
            System.out.println("长方体的宽为:"+b);
            System.out.println("请输入长方体的高:");
            c = scanner.nextDouble();
            System.out.println("长方体的高为:"+c);
            System.out.println("长方体的面积
为:"+String.format("%.2f", Calcute.Area(a, b, c)));
            System.out.println("长方体的体积
为:"+String.format("%.2f",Calcute.Cube(a, b, c)));          }
        }
```

图 4-3-16　Task1 实例

4.4　单元小测

4.4.1　判断题

1. Java 程序里，创建新的类对象用关键字 new，回收无用的类对象使用关键字 free。

　　　　　　　　　　　　　　　　　　　　　　　　　　　　　（　　）

　　2. 在 Java 中对象可以赋值，只要使用赋值号（等号）即可，相当于生成了一个各属性
与赋值对象相同的新对象。　　　　　　　　　　　　　　　　　　　　（　　）

3. 源文件中 public 类的数目不限。　　　　　　　　　　　　　　　　（　　）

4. 对象是对事物的抽象，而类是对对象的抽象和归纳。　　　　　　　（　　）

5. 从用户的角度看，Java 源程序类分为两种：系统定义的类和用户自己定义的类。

　　　　　　　　　　　　　　　　　　　　　　　　　　　　　（　　）

6. 引用 static 类型的方法时，可以使用类名做前缀，也可以使用对象名做前缀。

　　　　　　　　　　　　　　　　　　　　　　　　　　　　　（　　）

7. 一般在创建新对象时，系统会自动调用构造函数。 （　　）

8. 当声明一个类时，如果用户定义了一个带参数的构造方法，那么系统还会提供给用户一个无参数的构造方法。 （　　）

9. 方法中的形参可以和方法所属类的属性同名。 （　　）

10. 所有类至少有一个构造方法，构造方法用来初始化类的新对象，与类同名，返回类型只能为 void。 （　　）

11. 在实例方法或构造器中，this 用来引用当前对象，通过使用 this 可引用当前对象的任何成员。 （　　）

12. 如果用 final 来修饰类，则该类只能被一个子类继承。 （　　）

13. static 可以作为类成员访问符。 （　　）

14. 静态初始化块是在类被加载的时候执行的。 （　　）

15. final 类中的属性和方法都必须被 final 修饰符修饰。 （　　）

4.4.2　单选题

1. 在 Java 中，一个类可同时定义许多同名的方法，这些方法的形式参数个数、类型或顺序各不相同，传回的值也可以不相同。这种面向对象程序的特性称为（　　）。

    A. 隐藏　　　　　　　　　　　B. 覆盖

    C. 重载　　　　　　　　　　　D. 继承

2. 下列有关 new 关键字的描述中正确的是哪项？（　　）

    A. new 会调用类的构造器来创建对象

    B. new 所创建的对象不占用内存空间

    C. 创建对象实例的时候可以不使用 new 关键字

    D. new 所创建的对象一定存在引用变量

3. 在类的说明符中，被指定为私有的数据可以被（　　）访问。

    A. 程序中的任何函数　　　　　B. 其他类的成员函数

    C. 类中的成员函数　　　　　　D. 派生类中的成员函数

4. 关于类的说法中，不正确的一项是（　　）。

    A. 一般类体的域包括常量、变量、数组等独立的实体

    B. 类中的每个方法都由方法头和方法体构成

    C. Java 程序中可以有多个类，但是 public class 只有一个

    D. Java 程序可以有多个 public class

5. 一个对象创建包括的操作中，没有下面的（　　）操作。

    A. 释放内存　　　　　　　　　B. 对象声明

    C. 分配内存　　　　　　　　　D. 调用构造方法

6. 在 Java 中，关于封装性的说法中，错误的是（　　）。

    A. 是一种信息屏蔽技术　　　　B. 使对象之间不可相互作用

    C. 是受保护的内部实现　　　　D. 与类有关，封装的基本单位是对象

7. 读程序，选择正确的运行结果。（　　　）

```java
class Test{
    public static void main(String args[]){
        AClass ref1=new AClass(5);
        AClass ref2=new AClass(10);
        System.out.println(ref1.add(ref2));
    }
}
class AClass{
    private int x;
    AClass(int x){
        this.x=x;
    }
    int add(AClass ref){
        return ref.x+x;
    }
}
```

　　A. 有编译错误

　　B. 有编译错误，但可以运行

　　C. 编译通过，但有运行错误

　　D. 可以编译和运行，结果为 15

8. 读程序，以下（　　　）表达式的返回值为 true。

```java
public class Sample{
    long length;
    public Sample(long l){ length = l; }
    public static void main(String arg[]){
        Sample s1, s2, s3;
        s1 = new Sample(21L);
        s2 = new Sample(21L);
        s3 = s2;
        long m = 21L;
    }
}
```

A. s1==s2   B. s2==s3

C. m==s1   D. s1.equals（m）

9. 分析下面的程序，正确的输出结果是（　　　）。

```java
public class NameClass {
    private static int x=0;
    public static void main(String[] args) {
        name(x);
        System.out.println(x);
    }
    public static void name(int x) {
        x++;
    }
}
```

　　A. 0　　　　　　　　　　　　　B. 1

　　C. 2　　　　　　　　　　　　　D. 3

10. 下面关于 final 说法中正确的是（　　　）。

　　A. final 修饰类时，该类能被继承

　　B. final 修饰方法时，该方法能被重写

　　C. 当使用 static final 修饰常量时，将采用编译期绑定的方式

　　D. 当使用 final 和 abstract 共同修饰一个类时，final 应置于 abstract 之前

4.4.3　编程题

1. 定义一个名为 Rectangle 的矩形类。类中有 4 个私有的整形成员变量，分别是矩形的左上角坐标（x1，y1）和右下角坐标（x2，y2）；类中有以下方法。

（1）Rectangle()：无参数的构造方法；初始化左上角坐标和右下角坐标均为（0，0）。

（2）Rectangle(int x1,int y1,int x2,int y2)：构造方法，将（x1，y1）赋值给左上角坐标，（x2，y2）赋值给右下角坐标。

（3）getWide()：计算矩形的宽度。

（4）getHeight()：计算矩形的高度。

（5）getArea()：计算矩形的面积。

（6）getCircum ()：计算矩形的周长。

2. 定义一个名为 Circle 的圆形类。类中有 1 个私有的 double 成员变量半径 radius；类中有以下方法。

（1）Circle ()：无参数的构造方法，初始化半径 radius 为 0。

（2）Circle (double radius)：构造方法，将 radius 参数赋值给半径。

（3）getArea()：计算圆形的面积。

（4）getCircum()：计算圆形的周长。

第5章 继承与接口

类的继承视频

5.1 类的继承

在上一章中，介绍了类和对象的基本用法，在本章中将继续讲解面向对象的一些高级属性。本节主要介绍类的继承的基本概念和 final 关键字的使用方法。

5.1.1 继承的概念

在现实生活中，继承一般指的是子女继承父辈的财产。在程序中，继承描述的是事物之间的所属关系，通过继承可以使多种事物之间形成一种关系体系。

如图 5-1-1 所示是一个人的继承关系图。例如，学生和老师都属于人类，程序中便可以描述为学生和老师继承自人类，学生又可以分为社团学生和助学学生，教师也可以分为科研型的教师和教学型的教师，这些分类就形成一个继承体系。

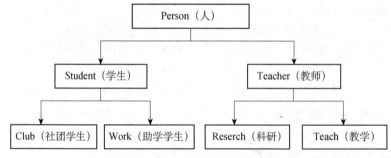

图 5-1-1　一个人的继承关系图

如图 5-1-2 所示新建了一个 Person 类，定义了姓名属性 strName，并定义了 strName 的 get 和 set 方法，最后定义一个输出自己姓名的方法。

如图 5-1-3 所示新建了一个 Student 类继承 Person 类，定义了学校属性 strSchool，并定义了 strSchool 的 get 和 set 方法，最后定义输出自己学校名的方法。

```java
 1 package chapter51;
 2 public class Person {
 3     private String strName;
 4     public String getStrName() {
 7     public void setStrName(String strName) {
 8         this.strName = strName;
 9     }
10     public void introName() {
11         System.out.println("My name is "+strName);
12     }
13 }
```

图 5-1-2　Person 类

```java
 2 public class Student extends Person { //继承Person类
 3     private String strSchool;
 4     public String getStrSchool() {
 5         return strSchool;
 6     }
 7     public void setStrSchool(String strSchool) {
 8         this.strSchool = strSchool;
 9     }
10     public void introSchool() {
11         System.out.println("My Shool is "+strSchool);
12     }
13
14 }
```

图 5-1-3　Student 类

如图 5-1-4 所示是 Student 类与 Person 类的内存结构图。可以看到，子类虽然没有定义 strName 属性和 introName()方法，但在继承父类的时候，会自动拥有父类所有的成员。

如图 5-1-5 所示是 Student 类继承的一个实例，从运行结果可以看出，子类 Student 虽然没有定义 strName 属性和 introName()方法，但在继承父类的时候，会自动拥有父类的成员。

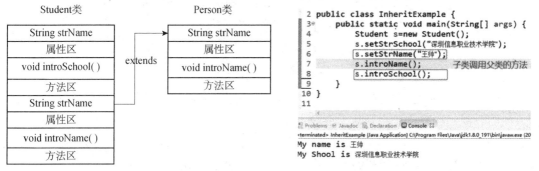

图 5-1-4 Student 类与 Person 类的内存结构   图 5-1-5 Student 类继承实例

子类对象可以调用父类的 setStrName 方法设置姓名属性，并调用父类的 introName 方法输出自己的姓名。

5.1.2 重写父类方法

在继承关系中，子类会自动继承父类中定义的方法，但有时在子类中需要对继承的方法进行一些修改，即对父类的方法进行重写。

需要注意的是，在子类中重写的方法需要和父类被重写的方法具有相同的方法名、参数列表及返回值类型。

如图 5-1-6 所示是 Student 类重写父类方法的内存结构图。Person 父类实现了 introName 方法，子类 Student 类继承了 Person 类，也继承了父类的 introName 方法；但是子类根据需要对父类的 introdName 方法进行了重写；子类 Student 实例化对象 s，使用 s.introName 不会调用父类的 introName 方法，而会调用子类重写的 introName 方法。

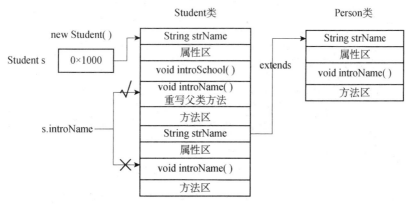

图 5-1-6 Student 类重写父类方法的内存结构

如图 5-1-7 所示是重写父类方法的代码，子类 Student 类继承了 Person 类，根据需要对父类的 introName 方法进行了重写。

```java
public class Student extends Person {
    private String strSchool;
    public String getStrSchool() {□
    public void setStrSchool(String strSchool) {□
    public void introSchool() {□        重写父类的introName方法
    public void introName() {
        System.out.println("My Student Name is "+getStrName());
    }
}
```

图 5-1-7　重写父类方法

如图 5-1-8 所示是重写父类方法运行实例，实例化 Student 类对象 s；使用 s.introName 调用方法的时候，程序首先会判断子类是否重写了 introName 方法；如果子类重写了父类的方法会调用子类的 introName 方法，否则会调用父类的 introName 方法，最后实例的运行结果显示调用了子类的 introName 方法。

```java
2 public class FatherOverrideExample {
3    public static void main(String[] args) {
4        Student s=new Student();
5        s.setStrName("王帅");
6        s.introName();         调用子类重写的
7    }                          introName方法
8 }
```

　Problems　◎ Javadoc　◎ Declaration　◎ Console ◎
<terminated> FatherOverrideExample [Java Application] C:\Program Files\Java\jdk1.8.0_191\bin\java
My Student Name is 王帅   输出子类的introName方法

图 5-1-8　重写父类方法运行实例

5.1.3　super 关键字

当子类重写父类的方法后，子类对象将无法访问父类被重写的方法，为了解决这个问题，在 Java 中专门提供了一个 super 关键字用于访问父类的成员。

如图 5-1-9 所示是 super 关键字的一个应用实例，实例代码的 14 行，子类 Student 重写父类的 introName 方法的时候，使用 super.introName 的方法就可以调用父类的 introName 方法。

```java
2 public class Student extends Person {
3     private String strSchool;
4     public String getStrSchool() {□
7     public void setStrSchool(String strSchool) {□
10    public void introSchool() {□
13    public void introName() {
14        super.introName();     子类访问父类方法
15        System.out.println("My Student Name is "+getStrName());
16    }
17 }
```

图 5-1-9　super 关键字应用

如图 5-1-10 所示是子类访问父类方法的运行实例，子类 Student 的 introName 方法使用 super.introName 的格式调用了父类的 introName 方法，因此会先输出父类的 introName 方法的内容，再输出子类的 introName 方法的内容。

```
2 public class FatherOverrideExample {
3     public static void main(String[] args) {
4         Student s=new Student();
5         s.setStrName("王帅");
6         s.introName();
7     }
8 }
```

Problems @ Javadoc Declaration Console

\<terminated\> FatherOverrideExample [Java Application] C:\Program Files\Java\jdk1.8.0_191\bin\javaw

My name is 王帅　　　子类访问父类的方法
My Student Name is 王帅　　子类重写父类的方法

图 5-1-10　子类访问父类方法的运行实例

5.1.4　final 关键字

final 关键字可用于修饰类、变量和方法，它有"这是无法改变的"或者"最终"的含义，因此被 final 修饰的类、变量和方法将具有以下特性。

（1）final 修饰的类不能被继承。

（2）final 修饰的方法不能被子类重写。

（3）final 修饰的变量是常量，只能赋值一次。

Java 中的类被 final 关键字修饰后，该类将不可以被继承，也就是不能够派生子类。

如图 5-1-11 所示，Person 类使用 final 修饰后，Student 类继承 Person 类的时候，Java 编译的时候会报错，错误原因就是不能将 final 类作为父类。

```
Person.java
1 package chapter51;
2 public class Person {
3     private String strName;
4 }
5 public class Student extends Person
6 {
7
8 }
```

图 5-1-11　final 关键字修饰类

当一个类的方法被 final 关键字修饰后，这个类的子类将不能重写该方法。如图 5-1-12 所示，Person 类中的 introName 方法使用 final 修饰后，Student 类中不能重写 Person 类中的 introName 方法，Java 编译的时候会报错，错误原因就是不能重写父类的 final 方法。

```
public class Person {                    public class Student extends Person
    public String strName;               {
    public final void introName()            public String strCls;
    {                                        public void introName()
        System.out.println(strName);         {
    }                                            System.out.println(strCls);
}                                            }
                                         }
```

图 5-1-12　final 关键字修饰方法

在 Java 中，final 修饰的变量为常量，它只能被赋值一次，也就是说 final 修饰的变量一旦被赋值，其值不能改变。如果再次对该变量进行赋值，则程序会在编译时报错。如图 5-1-13 所示，在程序中使用 final 定义了一个整型变量 a，并赋值为 4，在下一行代码中重新为 a 赋值为 10，程序编译会报错，提示 final 变量的值不能改变。

```
1 package chapter51;
2
3 public class FinalExample {
4
5⊖    public static void main(String[] args) {
6        final int a=4;
7        a=10;
8
9    }
10
11 }
```

图 5-1-13   final 关键字修饰变量

总结：本节首先介绍了类继承的概念；然后通过具体的实例讲述了在子类中如何重写父类的方法，最后讲解了 super 关键字和 final 关键字的作用与使用方法。

5.1.5   单元实训

1. 实训任务

设计一个 Document 类，包含一个私有的 String 类型的文档名称的成员变量；Document 类有一个带参的构造函数，参数为 String 类型；Document 类有一个无返回值方法 printInfo，用于显示文档的名称。

从 Document 派生出 Book 类，增加一个私有的 int 类型的书的页码的变量。重写父类 Document 的构造函数用于设置书的名称和书的页码，构造方法包含文档名称和书的页码两个参数；重写父类 Document 的 printInfo 方法，增加显示书的页码信息。

新建一个运行类 Task1，使用标准输入读取 Doucment 类和 Book 类对象信息，通过构造函数新建 Doucment 类和 Book 类对象后，将 Doucment 类和 Book 类对象的信息进行相应输出。如图 5-1-14 所示是运行的实例。

图 5-1-14   类的继承的运行实例

2. 编程过程

在 Eclipse 中创建包 chapter51，在包 chapter51 下创建类 Document；新建一个私有的 String 类型的文档名称的成员变量；新建一个带参的构造函数，参数为 String 类型；新建方法 printInfo，用于显示文档的名称，如图 5-1-15 所示。

```
package chapter51;
public class Document {
    private String strName;
    public Document(String strName) {
        this.strName = strName;
    }
    public void printInfo() {
        System.out.println("Name of Document:"+strName);
    };
}
```

图 5-1-15　Document 类

在包 chapter51 下创建类 Book 继承自 Document 类；增加一个私有的 int 类型的书的页码的变量；重写父类 Document 的构造函数用于设置书的名称和书的页码，构造方法包含文档名称和书的页码两个参数；重写父类 Document 的 printInfo 方法，增加显示书的页码信息，如图 5-1-16 所示。

```
package chapter51;
public class Book extends Document {
    private int iPageCount;
    public Book(String name, int iPageCount) {
        super(name);
        this.iPageCount = iPageCount;
    }
    public void printInfo() {
        super.printInfo();
        System.out.println("Page of Document:"+iPageCount);
    }
}
```

图 5-1-16　Book 类继承自 Document 类

在包 chapter51 下新建一个运行类 Task1，按要求使用标准输入读取 Doucment 类和 Book 类对象信息，通过构造函数新建 Doucment 类和 Book 类对象后，将 Doucment 类和 Book 类对象的信息进行相应输出，如图 5-1-17 所示。

```
package chapter51;
import java.util.Scanner;
public class Task1 {
    public static void main(String[] args) {
        // TODO Auto-generated method stub
        String strName;
        int iPageCount;
        //Document 对象
        System.out.println("请输入文档的名称:");
        Scanner scanner = new Scanner(System.in);
        strName = scanner.next();
        Document mDocument = new Document("strName");
        mDocument.printInfo();
        //Book 对象
        System.out.println("请输入书的名字:");
        scanner = new Scanner(System.in);
        strName = scanner.next();
        System.out.println("书的名字为:" + strName );
        System.out.println("请输入书的页数:");
        iPageCount = scanner.nextInt();
        System.out.println("书的页数为:" +iPageCount );
        Book mBook = new Book(strName, iPageCount);
        mBook.printInfo();
    }
}
```

图 5-1-17　Task1 类

5.2　抽象类与接口

上一节介绍了类的继承，本节将继续讲解面向对象的一些高级属性。本节主要介绍抽象类和接口的基本概念与使用方法。

抽象类与接口
视频

5.2.1　抽象类

当定义一个类时，常常需要定义一些方法来描述该类的行为特征，但有时这些方法的实现方式是无法确定的。

仍然以图 5-1-1 所示的人的继承关系图为例进行讲解。在定义 Person 类时，intro 方法用于表示介绍自己，比如"我是一个人"；但是对于学生，希望介绍自己"我是一个学生"；对于教师，希望介绍自己"我是一个教师"；因此在 intro()方法中无法准确介绍。针对上面描述的情况，Java 允许在定义方法时不写方法体，不包含方法体的方法为抽象方法，抽象方法必须使用 abstract 关键字来修饰。

如图 5-2-1 所示定义了一个抽象类 Person，并定义了 Person 类的抽象方法 intro，抽象方法 intro 没有方法体。

定义了 Student 类继承抽象类 Person，Student 类必须实现抽象类 Person 的抽象方法 intro，由于是学生类，抽象方法 intro 中输出一行语句"I am a Student"。

```java
//定义抽象类 Person
public abstract class Person {
abstract void intro(); //抽象方法用于介绍自己
}
//定义 Student 类继承抽象类 Person
public class Student extends Person {
    //子类必须实现父类的抽象方法
    @Override
    void intro() {
        System.out.println("I am a Student");
    }
}
```

图 5-2-1　抽象类以及继承

在定义抽象类时需要注意，包含抽象方法的类必须声明为抽象类，但抽象类可以不包含任何抽象方法，只需使用 abstrsct 关键字来修饰。

抽象类是不可以被实例化的，因为抽象类中有可能包含抽象方法，抽象方法是没有方法体的，不可以被调用。

如图 5-2-2 所示是抽象类实例运行效果，首先实例化 Student 类对象，Student 类实现了父类 Person 的抽象接口 intro；使用 s.intro 调用方法的时候，输出的是子类的实现方法，最后输出了"I am a Student"。

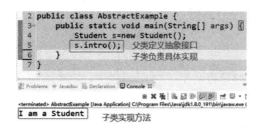

图 5-2-2　抽象类实例运行效果

5.2.2 接口

如果一个抽象类中的所有方法都是抽象的，则可以将这个类用另外一种方式来定义，即接口。在定义接口时，需要使用 interface 关键字来声明。

如图 5-2-3 所示是一个接口定义实例。定义一个接口类 Person，从实例中会发现抽象方法 intro 和 live 并没有使用 abstract 关键字来修饰；因为接口中定义的方法和变量都包含一些默认修饰符，接口中定义的方法默认使用"public abstract"来修饰，即抽象方法。

```
//定义接口类 Person
public interface Person {
        void intro(); //介绍自己
        void live(); //介绍自己居住的地
方
    }
```

图 5-2-3　接口定义实例

由于接口中的方法都是抽象方法，因此不能通过实例化对象的方式来调用接口中的方法。如图 5-2-4 所示定义了 Student 类，使用 implements 关键字实现 Person 接口中所有的方法。在 Student 类中实现了 intro 和 live 方法，分别输出"I am a student"和"I live in student apartment"。

```
//定义 Student 类实现 Person 接口
public class Student implements Person {
    //实现接口的方法 intro()
    @Override
    public void intro() {
        System.out.println("I am a student");
    }
    //实现接口的方法 live()
    @Override
    public void live() {
        System.out.println("I live in student apartment");
    }
}
```

图 5-2-4　接口实现类 Student

如图 5-2-5 所示定义了 Teacher 类，使用 implements 关键字实现 Person 接口中所有的方法；在 Teacher 类中我们实现了 intro 和 live 方法，分别输出"I am a teacher"和"I live in teacher apartment"。

如图 5-2-6 所示是接口的运行实例。Teacher 类和 Student 类在实现了 Person 接口后都可以被实例化；Teacher 类和 Student 类虽然实现了 Person 接口，但是在实现 Person 接口的方法的过程中，Teacher 类和 Student 类实现的 intro 与 live 方法里面的内容是不同的，因此程序最后的输出结果不一样。

```
//定义 Student 类实现 Person 接口
public class Teacher implements Person {
    //实现接口的方法 intro()
    @Override
    public void intro() {
        System.out.println("I am a teacher");
    }
    //实现接口的方法 live()
    @Override
    public void live() {
        System.out.println("I live in teacher apartment");
    }
}
```

图 5-2-5　接口实现类 Teacher

```
 3  public class InterfaceExample {
 4      public static void main(String[] args) {
 5          // TODO Auto-generated method stub
 6          Student s=new Student();
 7          s.intro();
 8          s.live();
 9          Teacher t=new Teacher();
10          t.intro();                同样的接口，实现接口的Student
11          t.live();                 类和Teacher类不同
12      }
13  }
14
```

```
Problems  Javadoc  Declaration  Console
<terminated> InterfaceExample [Java Application] C:\Program Files\Java\jdk1.8.0_191\bin\javaw.exe (201
I am a student
I live in student apartment    Student类输出结果
I am a teacher
I live in teacher apartment    Teacher类输出结果
```

图 5-2-6　接口运行实例

总结：本节首先介绍了抽象类的定义和作用；然后通过具体的实例讲述了抽象类的继承及使用方法，最后通过案例讲解了接口的作用和使用方法。

5.2.3　单元实训

1. 实训任务

创建一个 Vehicle 类并将它声明为抽象类。在 Vehicle 类中声明一个 getNumOfWheels 抽象方法，使它返回一个字符串值。使用 showWheels ()方法打印 getNumOfWheels 方法返回的字符串。

创建两个类 Car 和 Motor 继承自 Vehicle 类，在这两个类中新建一个私有的 int 类型变量表示交通工具的轮胎数量；并以轮胎数量为参数新建构造方法；在这两个类中实现抽象类的 getNumOfWheels 方法。在 Car 类中，应当显示"This is a "+轮胎数量+" wheel car"信息；而在 Motor 类中，应当显示"This is a "+轮胎数量+" wheel Motor"信息。

创建另一个带 main 方法的 Task1，在该类中创建 Car 和 Motor 的实例，分别从键盘输入对象的轮胎数量，最后在控制台中显示 Car 和 Motor 对象的信息。运行的效果如图 5-2-7 所示。

```
Problems  @ Javadoc  Declaration  Console ✕
<terminated> Task1 (4) [Java Application] E:\Jdk14\bin\javaw.exe  (2020年
请输入Motor的轮胎数量：
2
This is a 2 wheel Motor
请输入Car的轮胎数量：
4
This is a 4 wheel car
```

图 5-2-7　Task1 类运行效果

2. 编程过程

在 Eclipse 中创建包 chapter52，在包 chapter52 下创建类 Vehicle；在 Vehicle 类中声明一个 getNumOfWheels 抽象方法，使它返回一个字符串值，再声明一个 showWheels ()方法用于打印 getNumOfWheels 方法返回的字符串，如图 5-2-8 所示。

```
package chapter52;
public abstract class Vehicle {
    public abstract String getNumOfWheels();
    public void showWheels() {
        System.out.println(getNumOfWheels());
    }
}
```

图 5-2-8　Vehicle 类

在包 chapter52 下创建 Motor 类继承自 Vehicle 类，在 Motor 类中新建一个私有的 int 类型变量表示交通工具的轮胎数量；并以轮胎数量为参数新建构造方法；实现抽象类的 getNumOfWheels 方法，返回"This is a "+轮胎数量+" wheel Motor"字符串信息，如图 5-2-9 所示。

在包 chapter52 下创建 Car 类继承自 Vehicle 类，在这个 Car 类中新建一个私有的 int 类型变量表示交通工具的轮胎数量；并以轮胎数量为参数新建构造方法；实现抽象类的 getNumOfWheels 方法，返回"This is a "+轮胎数量+" wheel car"字符串信息，如图 5-2-10 所示。

```
package chapter52;
public class Motor extends Vehicle {
    private int iVehicleNum;
    Motor(int iVehicleNum){
        this.iVehicleNum=iVehicleNum;
    }
    @Override
    public String getNumOfWheels() {
        // TODO Auto-generated method stub
        String str="This is a "+iVehicleNum+" wheel Motor";
        return str;
    }
}
```

图 5-2-9　Motor 类

```
package chapter52;
public class Car extends Vehicle {
    private int iVehicleNum;
    Car(int iVehicleNum){
        this.iVehicleNum=iVehicleNum;
    }
    @Override
    public String getNumOfWheels() {
        // TODO Auto-generated method stub
        String str="This is a "+iVehicleNum+" wheel car";
        return str;
    }
}
```

图 5-2-10　Car 类

在包 chapter52 下创建带 main 方法的 Task1 运行类，在该类中创建 Car 和 Motor 的实例对象，分别从键盘输入对象的轮胎数量，最后在控制台中显示 Car 和 Motro 对象的信息，如图 5-2-11 所示。

```
package chapter52;
import java.util.Scanner;
public class Task1 {
        public static void main(String[] args) {
            // TODO Auto-generated method stub
            int iNum;
            System.out.println("请输入 Motor 的轮胎数量:");
            Scanner scanner = new Scanner(System.in);
            iNum = scanner.nextInt();
            Motor mMotor = new Motor(iNum);
            mMotor.showWheels();
            System.out.println("请输入 Car 的轮胎数量:");
            scanner = new Scanner(System.in);
            iNum = scanner.nextInt();
            Car mCar = new Car(4);
            mCar.showWheels();
        }
}
```

图 5-2-11　Task1 类

5.3　多态与异常

上一节介绍了类的抽象类和接口，本节将继续讲解面向对象的一些高级属性。本节主要介绍多态的基本概念和使用方法及 Java 中的异常处理。

多态与异常
视频

5.3.1　多态

设计一个方法时，通常希望该方法具备一定的通用性，如图 5-3-1 所示是多态内存结构图。在上一节 Person 类中定义了 intro 和 live 两个接口，学生 Student 和老师 Teacher 这两个类分别实现了 Person 接口。

实例化 Student 和 Teacher 两个类对象，并分别使用 Person p1 和 Person p2 指向 Student 和 Teacher 两个类对象的内存，使用 p.intro 调用自我介绍这个方法；如果 p 指向学生对象那么就做学生的自我介绍，而如果指向老师对象就做老师的自我介绍；那么在同一个方法中，由于参数类型的不同而导致执行效果各异的现象就是多态。

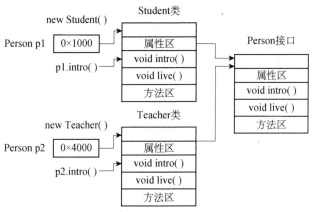

图 5-3-1　多态内存结构图

如图 5-3-2 所示是一个接口定义实例，定义了 Person 这个接口，Person 接口定义了两个抽象方法 intro 和 live。

如图 5-3-3 所示，定义了 Student 类，使用 implements 关键字实现 Person 接口中所有的方法；在代码中我们实现了 intro 和 live 方法，分别输出"I am a student 和"I live in student apartment"。

```
//定义接口类 Person
public interface Person {
    void intro(); //介绍自己
    void live(); //介绍自己居住的
地方
    }
```

图 5-3-2　Person 接口

```
//定义 Student 类实现 Person 接口
public class Student implements Person {
    //实现接口的方法 intro()
    @Override
    public void intro() {
        System.out.println("I am a student");
    }
    //实现接口的方法 live()
    @Override
    public void live() {
        System.out.println("I live in student apartment");
    }
}
```

图 5-3-3　Student 类

如图 5-3-4 所示，定义了 Teacher 类，使用 implements 关键字实现 Person 接口中所有的方法。在代码中我们实现了 intro 和 live 方法，分别输出"I am a teacher"和"I live in teacher apartment"。

```
//定义 Teacher 类实现 Person 接口
public class Teacher implements Person {
    //实现接口的方法 intro()
    @Override
    public void intro() {
        System.out.println("I am a teacher");
    }
    //实现接口的方法 live()
    @Override
    public void live() {
        System.out.println("I live in teacher apartment");
    }
}
```

图 5-3-4　Teacher 类

如图 5-3-5 所示是多态的运行实例，Teacher 类和 Student 类在实现了 Person 接口后都可以被实例化。

```
2  public class PolyExample {
3      public static void main(String[] args) {
4          // TODO Auto-generated method stub
5          Person p1=new Student();
6          Person p2=new Teacher();
            同一个方法 personIntro(p1);  传入了不同的参数
8                     personIntro(p2);
9          }
10         public static void personIntro(Person p)
11             p.intro();
12         }
13  }
```

Problems @ Javadoc @ Declaration @ Console ✕
<terminated> PolyExample [Java Application] C:\Program Files\Java\jdk1.8.0_191\bin\javaw.exe (2019

I am a student
I am a teacher　运行的结果不同

图 5-3-5　多态运行实例

第 5 行和第 6 行代码实现了父类 Person 类型变量 p1 和 p2 并分别指向了 Student 和 Teacher 两个子类对象；第 7 行和第 8 行代码调用 personIntro()方法时，将父类指向的两个不同子类对象 p1 和 p2 分别传入，分别输出"I am a student"和"I am a teacher"。

由此可见，多态不仅解决了方法同名的问题，而且还使程序变得更加灵活，从而有效地提高程序的可扩展性和可维护性。

5.3.2 异常

下面我们介绍异常。尽管人人希望自己身体健康，处理的事情都能顺利进行，但在实际生活中总会遇到各种状况，比如感冒发烧，工作时计算机蓝屏、死机等。

同样在程序运行的过程中，也会发生各种非正常状况，比如程序运行时磁盘空间不足，网络连接中断，被装载的类不存在。

针对这种情况，Java 语言中引入了异常，以异常类的形式对这些非正常情况进行封装，通过异常处理机制对程序运行时发生的各种问题进行处理。

如图 5-3-6 所示是一个异常的实例，从运行结果可以看出，程序发生了算数异常（ArithmeticException）。

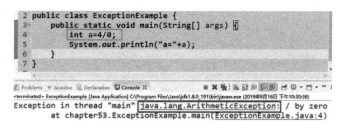

图 5-3-6　多态运行实例（异常实例）

这个异常是由于程序中的第 4 行代码进行除法运算的时候被除数赋值 0，在这个异常发生后，程序会立即结束，无法继续向下执行。

ArithmeticException 异常只是 Java 异常类中的一种，在 Java 中还提供了大量的异常类，这些类都继承自 java.lang.Throwable 类。如图 5-3-7 所示是 Throwable 类的继承结构。

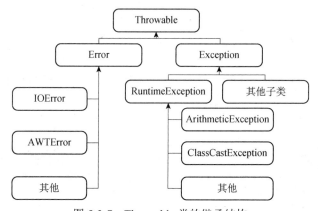

图 5-3-7　Throwable 类的继承结构

Throwable 有两个直接子类 Error 和 Exception，其中 Error 代表程序中产生的错误，Exception 代表程序中产生的异常。

Error 类称为错误类，它表示 Java 运行时产生的系统内部错误或资源耗尽的错误，是比较严重的，仅靠修改程序本身是不能恢复执行的。

Exception 类称为异常类，它表示程序本身可以处理的错误，在开发 Java 程序中进行的异常处理，都是针对 Exception 类及其子类的。

在 Exception 类的众多子类中有一个特殊的 RuntimeException 类，该类及其子类用于表示运行时异常，除了此类，Exception 类下所有其他的子类都用于表示编译时异常。

Throwable 类有很多方法，比较常用的主要有以下几个。

（1）String getMessage()：返回 Throwable 的详细消息字符串。

（2）void printStackTrace()：将异常信息输出至标准输出流。

（3）void printStackTrace(PrintStream s)：将异常信息输出至指定输出流。

由于发生了异常，程序立即终止，无法继续向下执行。为了解决这样的问题，Java 中提供了一种对异常进行处理的方式——异常捕获，异常捕获通常使用 try…catch 语句，具体语法格式如图 5-3-8 所示。其中，在 try 代码块中编写可能发生异常的 Java 语句，在 catch 代码块中编写针对异常进行处理的代码。

```
try {
        代码块；
} catch (Exception e) {
        对 Exception e 信息的处理；
}
```

图 5-3-8　try…catch 语法格式

当 try 代码块中的程序发生了异常，系统会将这个异常的信息封装成一个异常对象，并将这个对象传递给 catch 代码块。

如图 5-3-9 所示是异常捕获实例，对可能发生异常的代码用 try…catch 语句进行了处理，在 try 代码块中发生被 0 除异常，程序会转而执行 catch 中的代码，通过调用 Exception 对象的 getMessage()方法，返回异常信息“/ by zero”。

catch 代码块对异常处理完毕后，程序仍会向下执行，而不会异常终止。

需要注意的是，在 try 代码块中，发生异常语句后面的代码是不会被执行的，程序中的第 6 行代码没有执行。

在程序中，有时候我们希望有些语句无论程序是否发生异常都要执行，如图 5-3-10 所示，我们在 try…catch 语句后，再增加一个 finally 代码块。

通过运行结果可以看出，无论程序是否发生异常都会执行 finally 代码块中的内容。

图 5-3-9　异常捕获实例　　　　　图 5-3-10　异常捕获实例

总结：本节首先介绍了多态的作用，然后通过具体的实例讲述了多态的使用方法，最后通过案例讲解了 Java 异常的使用方法。

5.3.3　单元实训

1. 实训任务

创建一个 OnClickListener 接口类，在 OnClickListener 接口类中定义一个无函数体的 onClick 接口方法。

创建两个类 Button 和 TextView 实现 OnClickListener 接口，在这两个类中新建一个私有的 String 类型变量表示名称，并以名称为参数新建构造方法，在这两个类中实现 OnClickListener 接口的 onClick 方法。在 Button 类中，应当显示"Button:"+strText+"被单击"信息；而在 TextView 类中，应当显示"TextView:"+strText+"被单击"信息。

创建另一个带 main 方法的 Task1，在该类中使用 OnClickListener 接口创建 Button 和 TextView 的实例，使用构造方法设置 Button 和 TextView 的名称，最后在控制台中显示 Button 和 TextView 对象的信息。运行的效果如图 5-3-11 所示。

2. 编程过程

在 Eclipse 中创建包 chapter53，在包 chapter53 下创建接口 OnClickListener；在 OnClickListener 接口中声明一个 onClick 接口方法，如图 5-3-12 所示。

```
package chapter53;
public interface OnClickListener {
        public void onClick();
}
```

图 5-3-11　Task1 类运行效果　　　　　图 5-3-12　OnClickListener 类

在包 chapter53 下新建 Button 类实现 OnClickListener 接口，在类中新建一个私有的 String 类型变量表示名称，并以名称为参数新建构造方法，实现 OnClickListener 接口的 onClick 方法，显示"Button:"+strText+"被单击"信息，如图 5-3-13 所示。

```
package chapter53;
public class Button implements OnClickListener{
        private String strText;
        public Button(String strText) {
            super();
            this.strText = strText;
        }
        @Override
        public void onClick() {
            // TODO Auto-generated method stub
            System.out.println("Button:"+strText+"被单击");
        }
    }
```

图 5-3-13　Button 类

在包 chapter53 下新建 TextView 类实现 OnClickListener 接口，在类中新建一个私有的
String 类型变量表示名称，并以名称为参数新建构造方法，实现 OnClickListener 接口的
onClick 方法，显示"TextView:"+strText+"被单击"信息，如图 5-3-14 所示。

```java
package chapter53;
public class TextView implements OnClickListener{
    private String strText;
    public TextView(String strText) {
        super();
        this.strText = strText;
    }
    @Override
    public void onClick() {
        // TODO Auto-generated method stub
        System.out.println("TextView:"+strText+"被单击");
    }
}
```

图 5-3-14 TextView 类

创建一个带 main 方法的 Task1 类，在该类中使用 OnClickListener 接口创建 Button 和
TextView 的实例，使用构造方法设置 Button 和 TextView 的名称，最后在控制台中显示
Button 和 TextView 对象的信息，如图 5-3-15 所示。

```java
package chapter53;
public class Task1 {
    public static void main(String[] args) {
        // TODO Auto-generated method stub
        OnClickListener mOnClickListener1=new Button("按钮 1");
        mOnClickListener1.onClick();
        OnClickListener mOnClickListener2=new TextView("标签 1");
        mOnClickListener2.onClick();
    }
}
```

图 5-3-15 Task1 类

5.4 单元小测

5.4.1 判断题

1. 子类除了包含它直接定义的属性外，还包含其父类的私有属性。 （ ）

2. 如果父类不是抽象类，那么子类也不能是抽象类。 （ ）

3. 当系统调用当前类的构造方法时，若没有 this()语句进行重载调用，也没有 super()语句调用父类构造方法，则直接执行构造方法中的其他语句。 （ ）

4. final 如果修饰类，则该类不能被继承。 （ ）

5. 重载方法的访问控制修饰符必须相同。 （ ）

6. 子类可以重写父类中所有的方法。 （ ）

7. 重写的方法与被重写的方法名字必须一致，而返回值的类型可以不同。 （ ）

8. 重写的方法与被重写的方法参数列表必须一致。 （ ）

9. 子类继承父类的方法后，该方法的访问权限将会发生改变。 （ ）

10. 构造方法既可以被重载也可以被重写。 （ ）

11. Java 中类不允许多重继承，但接口支持多重继承。 （ ）

12. 设计一个类如果声明为实现一个接口，则必须要实现接口中的所有抽象方法程序，如果两个类不存在嵌套关系，最好一个源文件只有一个类。 （ ）

13. Java 中的接口与类一样都不允许多重继承。 （ ）

14. 接口不可以继承接口。 （ ）

15. 接口里可以定义成员变量。 （ ）

16. 一个 try 语句可以有多个 catch 语句与之对应。 （ ）

17. 当一个方法在运行过程中产生一个异常，则这个方法会终止，但是整个程序不一定终止运行。 （ ）

18. 无论 try{}块中的代码是否抛出异常，finally 子句都会执行。 （ ）

19. 当一个方法在运行过程中产生一个异常，则这个方法会终止，但是整个程序不一定终止运行。 （ ）

20. Java 的异常处理机制中，try 语句块中 catch 与 finally 全部都要出现。 （ ）

5.4.2 单选题

1. 在子类的构造方法中，使用（ ）关键字调用父类的构造方法。

    A. base   B. super

    C. implements   D. extends

2. 下面程序的运行结果是哪项？ （ ）

```
class Kate{
    private String name;
    public Kate(){
```

```
            System.out.print(1);
        }
        public Kate(String name){
            System.out.print(2);
        }
    }
    class Cat extends Kate{
        public Cat(String name){
            System.out.print(3);
        }
    }
    public class Main {
        public static void main(String[] args) {
            new Cat(""hello"");
        }
    }
```

A. 23   B. 13

C. 123   D. 321

3. 如果想要一个类不能被任何类继承的话，需要使用哪个关键字来修饰该类？
（　　）

  A. abstract   B. final

  C. static   D. private

4. 下面程序的执行结果是（　　　）。

```
class People {
    String name;
    public People() {
System.out.print(4);
}
    public People(String name) {
            System.out.print(3);
            this.name = name;
    }
}
class Child extends People {
    People father;
    public Child(String name) {
            System.out.print(2);
```

```
                this.name = name;
                father = new People(name + "":F"");
        }
        public Child(){
System.out.print(1);
  }
}
public class Main {
        public static void main(String[] args) {
          new Child(""mike"");
  }
}
```

A. 312   B. 423

C. 432   D. 132

5. 已知有下面类的说明：

```
public class X1 extends x{
 private float f =10.5f;
  int i=16;
  static int si=10;
    public static void main(String[] args) {
      X1 x=new    X1();
}
}
```

在 main()方法中，下面语句的用法正确的是（　　　）。

A. x.f   B. this.si

C. X1.i   D. X1.f

6. 下面哪个修饰符所定义的方法必须被子类所覆盖？（　　　）

A. final   B. abstract

C. protectd   D. public

7. 这段代码的输出结果是（　　　）。

```
try{
                System.out.print("try，");
                return;
        } catch(Exception e){
                System.out.print(""catch，"");
        } finally {
                System.out.print(""finally"");
        }
```

A. try，　　　　　　　　　　　　　B. try，catch，

C. try，finally　　　　　　　　　　 D. try，catch，finally

8. getCustomerInfo()方法如下，try 中可以捕获三种类型的异常，如果在该方法运行中产生了一个 IOException，将会输出什么结果？（　　　　）

```
public void getCustomerInfo() {
    try {
        // do something that may cause an Exception
    }catch(java.io.FileNotFoundException    ex){
        System.out.print(""FileNotFoundException!"");
    } catch (java.io.IOException    ex){
        System.out.print(""IOException!"");
    } catch (java.lang.Exception    ex){
        System.out.print(""Exception!"");
    }
}
```

A. IOException!

B. IOException!Exception!

C. FileNotFoundException!IOException!

D. FileNotFoundException!IOException!Exception!

9. 关于异常的含义，下列描述中最正确的一个是（　　　　）。

A. 程序编译错误　　　　　　　　　B. 程序语法错误

C. 程序自定义的异常事件　　　　　D. 程序编译或运行时发生的异常事件

10. 运行下面程序时，会产生什么异常？（　　　　）

```
public class Test {
 public static void main(String[] args) {
     int x = 0;
     int y = 5 / x;
     int[] z = { 1, 2, 3, 4 };
     int p = z[4];
 }
}
```

A. ArithmeticException　　　　　　B. NumberFormatException

C. ArrayIndexOutOfBoundsException　D. IOException

11. 关于下面程序，下面哪句话的结论是正确的？（　　　　）

```
public class Test {
 public static void main(String[] args) {
     try {
         return;
```

```
        } finally {
            System.out.println("1");
        }
    }
}
```

A. 上面程序含有编译错误

B. 上面程序在运行时会产生一个运行时异常

C. 上面程序会正常运行，但不产生任何输出

D. 上面程序输出"1"

12. 数据下标越界，则发生异常，提示为（　　　）。

A. Runtime Exception   B. IOException

C. ArrayIndex OutOfBoond Exception   D. class Cast Exception

5.4.3 编程题

1. 一个员工类中包含员工姓名、年龄、工资等参数，经理类继承自员工类，比员工类多出奖金参数，要求从键盘输入经理的姓名、年龄、工资、奖金信息，然后打印出姓名与奖金的信息。根据已经给出的程序，如图 5-4-1 所示，将程序补充完整。

```
package chapter54;
import java.util.Scanner;
public class Task1 {
    public static void main(String[] args) {
        // TODO Auto-generated method stub
        Scanner scan = new Scanner(System.in);
        Manager m = new Manager(scan.next(), scan.next(), scan.next(), scan.next());
        System.out.println("Name : "+m.getName());
        System.out.println("Bonus : "+m.getBonus());
    }
}

class Employee{
    private String name;
    private String salary;
    private String age;
    //write code here

}
class Manager extends Employee {
    //write code here

}
```

图 5-4-1　Task1 类

程序最终的运行效果如图 5-4-2 所示。

```
Problems @ Javadoc Declaration Console ☒
<terminated> Task1 (6) [Java Application] E:\Jdk14\bin\javaw.exe
张经理
12000/月
35
35000/年
Name : 张经理
Bonus : 35000/年
```

图 5-4-2　Task1 运行效果

2. 编写一个抽象类 Animal，其成员变量有 name、age、weight，表示动物名、年龄和重量。方法有 showInfo( )、move( )和 eat( )，其中后面两个方法是抽象方法。编写一个类 Bird 继承自 Animal 类，实现相应的方法。通过构造方法给 name、age、weight 分别赋值，showInfo( )方法用于打印鸟名、年龄和重量，move( )方法打印鸟的运动方式，eat( )用于打印鸟喜欢吃的食物。编写测试类 main，用 Animal 类型的变量，调用 Bird 对象的三个方法，初始化构造函数参数从标准输入中获得。根据已经给出的程序，如图 5-4-3 所示，将程序补充完整。

```java
package chapter54;
import java.util.Scanner;
public class Task2 {
        public static void main(String[] args) {
            // TODO Auto-generated method stub
            String name;
            int age;
            float weight;
            Scanner scanner = new Scanner(System.in);
            name = scanner.next();
            age = scanner.nextInt();
            weight = scanner.nextFloat();
            Animal bir = new Bird(name, age, weight);
            bir.showInfo();
            bir.move();
            bir.eat();
        }
    }

abstract class Animal {
```

图 5-4-3　Task2 类

```
        public String name;
            public int age;
            public float weight;
            //write code here


        }


        class Bird extends Animal {
            //write code here


        }
```

图 5-4-3　Task2 类（续）

程序最终的运行效果如图 5-4-4 所示。

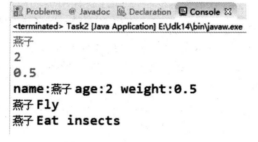

图 5-4-4　Task2 运行效果

第 6 章　Java GUI

6.1　GUI 概述

GUI 的全称是 Graphical User Interface，即图形用户界面，就是应用程序提供给用户操作的图形界面，包括窗口、菜单、按钮、工具栏和其他各种图形界面元素。

目前图形用户界面已经成为一种趋势，几乎所有的程序设计语言都提供了 GUI 设计功能；Java 中针对 GUI 设计提供了丰富的类库，这些类分别位于 java.awt 和 javax.swing 包中，简称为 AWT 和 Swing。其中 AWT 是 Sun 公司最早推出的一套 API，它的组件种类有限，可以提供基本的 GUI 设计工具，却无法实现目前 GUI 设计所需的所有功能。随后，Sun 公司对 AWT 进行改进，提供了 Swing 组件，Swing 不仅实现了 AWT 中的所有功能，而且提供了更加丰富的组件和功能，足以满足 GUI 设计的一切需求。

Swing 会用到 AWT 中的许多知识，掌握了 AWT，学习 Swing 就变成了一件很容易的事情。本节将从 AWT 开始学习图形用户界面，首先介绍 AWT 的作用和使用方法，然后介绍 AWT 事件的处理流程，最后通过实例介绍 AWT 窗口、鼠标、键盘、通用事件的接口实现。

6.1.1　AWT 概述

AWT 是用于创建图形用户界面的一个工具包，它提供了一系列用于实现图形界面的组件，如窗口、按钮、文本框、对话框等。

在 JDK 中针对每个组件都提供了对应的 Java 类，这些类都位于 java.awt 包中。如图 6-1-1 所示描述了这些类的继承关系。

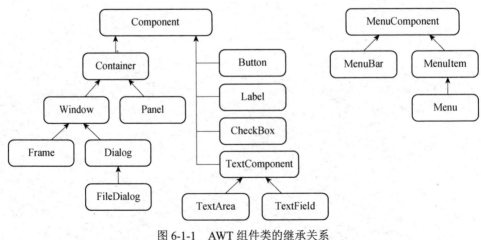

图 6-1-1　AWT 组件类的继承关系

从继承关系可以看出，AWT 中组件分为两个大类，这两个大类分别是 Component 和 MenuComponent。其中，MenuComponent 是所有菜单组件的父类，Component 则是除菜单外其他 AWT 组件的父类，Component 能以图形化方式显示出来，可与用户交互。

Container 类表示容器，它是一种特殊的组件，可以用来容纳其他组件，Container 类又分为 Window 和 Panel；Window 类是不依赖于其他容器而独立存在的容器，它有两个子类分别为 Frame 类和 Dialog 类。Frame 类用于创建一个具有标题栏的窗口作为程序的主界面。

如图 6-1-2 所示是 Frame 应用实例：第 7 行代码用于创建一个带有标题的 Frame 窗体对象；第 9 行的方法用于设置窗体对象的长度和宽度，第 11 行代码的 setLocation()方法用于设置窗体在屏幕所处的坐标位置，第 13 行的 setVisible(true)用于设置窗体可见。

如图 6-1-3 所示是 Frame 的运行实例：程序运行后开启了一个窗体，左上角为窗体实例，长度和宽度分别为 600 和 300。我们发现单击窗口的关闭按钮，窗口无法关闭，说明窗口的单击功能没有实现，如果想要关闭窗口，就需要通过事件处理机制对窗口进行监听。

图 6-1-2　Frame 应用实例　　　　　　图 6-1-3　Frame 运行实例

6.1.2　AWT 事件

事件处理机制专门用于响应用户的操作，比如，想要响应用户的单击鼠标、按下键盘等操作，就需要使用 AWT 的事件处理机制。

如图 6-1-4 所示是 Java 组件事件处理流程图。

图 6-1-4　Java 组件事件处理流程图

（1）事件对象（Event）：通常就是用户的一次操作，是在 GUI 组件上发生的特定事件。

（2）事件源（组件）：事件发生的场所，通常就是产生事件的组件。

（3）监听器（Listener）：负责监听事件源上发生的事件，并对各种事件做出相应处理。

（4）事件处理器：监听器对象负责对接收的事件进行对应处理。

（5）事件对象、事件源、监听器、事件处理器在整个事件处理机制中都起着非常重要的作用，它们彼此之间有着非常紧密的联系。

下面介绍事件处理的工作流程。首先为事件源注册监听器对象，当用户进行一些操作时，如按下鼠标或者释放键盘等，这些动作会触发相应的事件。

如果事件源注册了事件监听器，将产生并传递事件对象，监听器接收事件对象，并对事件进行处理。

在程序中，如果想实现事件的监听机制，首先需要定义一个类实现事件监听器的接口，例如，Window 类的窗口需要实现 WindowListener 接口。

接着通过 addWindowListener 方法为事件源注册事件监听器对象，当事件源上发生事件时，便会触发事件监听器对象；最后由事件监听器调用相应的方法来处理相应的事件。

如图 6-1-5 所示，创建一个 MyWindowListener 的类来实现 WindowListener 接口，WindowListener 接口有 7 个方法。

如果要实现对窗口关闭事件的监听，我们只需要实现 windowClosing()一个窗口关闭事件接口；在这个接口实现中，首先通过事件对象 e 获取事件源（窗口），然后设置窗口不可见，最后释放窗口资源。

在上一节的例子中，单击窗口的关闭图标按钮，窗口无法关闭；如果想要关闭窗口，需要通过事件处理机制对窗口进行监听。

如图 6-1-6 所示是窗口注册监听器实例，新建一个 MyWindowListener 的监听器对象，使用 addWindowListener 方法为窗口注册事件监听器对象。

图 6-1-5 实现 WindowListener 接口　　　　图 6-1-6 窗口注册监听器实例

当事件源上发生窗口关闭事件时，便会触发事件监听器对象 myWindowListener，由事件监听器调用相应的方法 windowClosing 来处理相应的事件。如图 6-1-7 所示是窗口事件的处理流程图。

首先为事件源注册监听器对象，单击窗口关闭图标按钮触发了窗口关闭事件。如果事件源注册了事件监听器，将产生并传递事件对象 WindowEvent e；监听器接收事件对象，并调用接口中的 windowClosing 方法对事件进行处理。

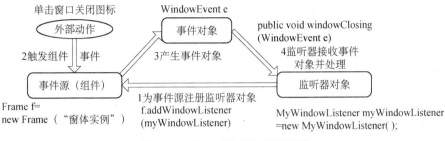

图 6-1-7　窗口事件的处理流程图

6.1.3　AWT 常用事件

Java 图形应用程序都需要使用 window 窗体对象作为最外层的容器，窗体对象是所有 GUI 应用程序的基础。当对窗体进行操作时，比如窗体的打开、关闭、激活、停用等，这些动作都属于窗体事件。如图 6-1-8 所示是窗口注册监听器的实例，Java 提供了一个 Window Event 类用于表示这些窗体事件。

在应用程序中，当对窗口事件进行处理时，需要定义一个类实现 WindowListener 接口作为窗体监听器。WindowListener 接口包含了窗体的打开、关闭、激活、停用等方法，在每一个接口方法中都打印了一条接口的语句。如图 6-1-9 所示是窗口事件的运行实例，在窗口中添加 MyWindowListener 监听器，可以监听窗体的打开、关闭、激活、停用等事件。

```java
1 package chapter61;
2 import java.awt.Window;
3 import java.awt.event.WindowEvent;
4 import java.awt.event.WindowListener;
5 public class MyWindowListener implements WindowListener {
6     public void windowClosing(WindowEvent e) {
7         System.out.println("windowClosing:窗口正在关闭事件");
8     }
9     public void windowOpened(WindowEvent e) {
10        System.out.println("windowOpened:窗口打开事件");
11    }
12    public void windowClosed(WindowEvent e) {
13        System.out.println("windowClosed:窗口关闭事件");
14    }
15    public void windowIconified(WindowEvent e) {
16        System.out.println("windowIconified:窗口图标化事件");
17    }
18    public void windowDeiconified(WindowEvent e) {
19        System.out.println("windowDeiconified:窗口去图标化事件");
20    }
21    public void windowActivated(WindowEvent e) {
22        System.out.println("windowActivated:窗口激活事件");
23    }
24    public void windowDeactivated(WindowEvent e) {
25        System.out.println("windowDeactivated:窗口停用事件");
26    }
27 }
```

图 6-1-8　窗口注册监听器的实例

```java
3 public class FrameExample {
4     public static void main(String[] args) {
5         // TODO Auto-generated method stub
6         // 建立一个新窗体对象
7         Frame f=new Frame("窗体实例");
8         // 设置窗体的长度和宽度
9         f.setSize(600,300);
10        // 设置窗体在屏幕的位置（参数左上角坐标）
11        f.setLocation(600,300);
12        // 设置窗体可见
13        f.setVisible(true);
14        // 为窗口组件注册监听
15        MyWindowListener myWindowListener=new MyWindowListener();
16        f.addWindowListener(myWindowListener);
17    }
18 }
19
```

图 6-1-9　窗口事件的运行实例

如图 6-1-10 所示是窗口应用程序的运行实例。应用程序运行后，单击最小化图标按钮，触发图标化和停用事件；在状态栏单击程序图标，触发去图标化和激活事件；单击其他窗口，触发窗口停用事件；单击程序回到程序窗口，触发窗口激活事件；单击窗口关闭图标按钮，触发窗口正在关闭、停用和关闭事件。

在图形用户界面中，用户会经常通过鼠标来进行选择、切换界面等操作，这些操作被定义为鼠标事件，其中包括鼠标按下、鼠标松开、鼠标单击等。Java 中提供了一个 MouseEvent 类用于表示鼠标事件，几乎所有的组件都可以产生鼠标事件。如图 6-1-11 所示，处理鼠标事件时首先需要通过实现 MouseListener 接口定义监听器，可以监听鼠标被单击、鼠标被按下、鼠标被释放、鼠标进入按钮区域、鼠标移出按钮区域等事件。

字符 1、2、3、a、b、c、A、B、C；可以看到运行结果依次输出了对应的输入内容，以及键盘字符所对应的 KeyCode，也就是字符的 ASCII 码值。

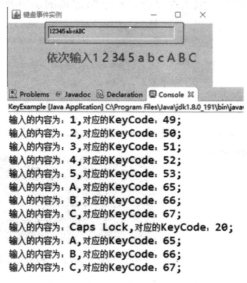

图 6-1-16　键盘监听器运行结果

动作事件与前面三种事件有所不同，它不代表某个组件具体的动作，只表示一个动作发生了。例如图 6-1-17 所示的程序有三个按钮，三个按钮都有可能被单击，在上节介绍鼠标事件的时候，我们需要对三个 Button 的鼠标事件分别进行监听。

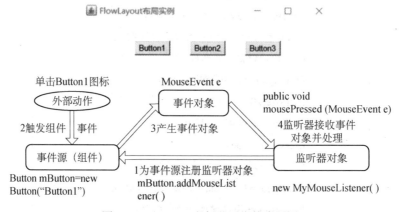

图 6-1-17　Button 鼠标监听事件流程图

在 Java 中，动作事件用 ActionEvent 类表示，处理 ActionEvent 事件的监听器对象需要实现 ActionListener 接口；但监听器在监听动作时，不会像鼠标事件一样处理鼠标个别单击的细节，而是去处理整个程序界面中鼠标单击后的有意义的事件。

如图 6-1-18 所示，ActionExample 类中实现了 ActionListener 这个接口，并实现了 ActionListener 接口的 actionPerformed 方法；actionPerformed 方法中，通过 e.getAction-Command()获取被单击按钮的文本。

```
public class ActionExample implements ActionListener {
    public static ActionExample actionExampleInstance；
    public static ActionExample getActionExampleInstance() {
        if (actionExampleInstance==null) {
            actionExampleInstance=new ActionExample();
        }
        return actionExampleInstance；
    }
    public void actionPerformed(ActionEvent e) {
        System.out.println(e.getActionCommand()+"被单击了");
    }
}
}
```

图 6-1-18　ActionExample 类代码

由于 ActionExample 类可以监听 3 个 Button 组件对象，每个 Button 通过一个 ActionExample 实例对象就可以实现监听；ActionExample 实例对象可以设计为单实例对象，我们定义了一个静态的单实例对象 actionExampleInstance，并设计了一个静态的 getAction-ExampleInstance 方法去获取这个单实例对象。

如图 6-1-19 所示是通用事件监听器实例：新建一个窗口，并将窗口的布局模式设置成流式布局；为窗口增加三个 Button 组件；为三个 Button 组件增加通用事件的监听器，调用 getActionExampleInstance() 方法将监听器绑定到事件源对象。单实例对象 action-ExampleInstance 现在是三个 Button 组件的共同监听器。

```
public class ActionExample implements ActionListener {
    public static void main(String[] args) {
    Frame f = new Frame("Action 事件实例");
    // 为窗口设置流式布局
    f.setLayout(new FlowLayout());
    f.setSize(400，300);
    f.setLocation(600，300);
    f.setVisible(true);
    // 为窗口增加三个 Button 组件
    Button mButton1 = new Button("Button1");
    mButton1.addActionListener(getActionExampleInstance());
    f.add(mButton1);
    mButton2 = new Button("Button2");
    mButton2.addActionListener(getActionExampleInstance());
    f.add(mButton2);
    Button mButton3 = new Button("Button3");
    mButton3.addActionListener(getActionExampleInstance());
    f.add(mButton3);
    }
```

图 6-1-19　通用事件监听器实例

如图 6-1-20 所示的是通用事件监听器实例的运行结果。窗口中有三个 Button 组件，依次单击 Button1、Button2 和 Button3；监听器 ActionExample 对象 actionExampleInstance 监听到 Button 单击事件，调用监听器实现的 actionPerformed 方法，根据事件对象 ActionEvent e 的 getActionCommand 方法，依次输出了 Button1、Button2 和 Button3 被单击了的信息。

总结：本节首先介绍 AWT 的作用，然后通过流程图分析了 AWT 事件的处理流程，通过多个实例介绍 AWT 窗口、鼠标、键盘等事件的处理方法；最后在 AWT 事件的基础上，分析了通用事件的接口实现，并用实例说明了通用事件与窗口、鼠标、键盘等事件比较的优点。

图 6-1-20　通用事件监听器实例的运行结果

6.2　AWT 布局与绘图

AWT 布局与绘图视频

Java 中组件不能单独存在，必须放置于容器当中，而组件在容器中的位置和尺寸是由布局管理器来决定的。

在 java.awt 包中提供了五种布局管理器，分别是 FlowLayout（流式布局管理器）、Borderayout（边界布局管理器）、GridLayout（网格布局管理器）、GridBaglayout（网格包布局管理器）和 CardIayout（卡片布局管理器）。

每个容器在创建时都会使用一种默认的布局管理器，在程序中可以通过调用容器对象的 setlayout()方法设置布局管理器，再通过布局管理器来自动进行组件的布局管理。

本节主要介绍 AWT 布局的分类和使用方法及和 AWT 绘图工具类的使用方法。

6.2.1　AWT 布局

流式布局管理器是最简单的布局管理器，在这种布局下，容器会将组件按照添加顺序从左向右放置。当到达容器的边界时，会自动将组件放到下一行的开始位置。这些组件可以左对齐、居中对齐（默认方式）或右对齐的方式排列。

如图 6-2-1 所示是一个流式布局管理器的实例，在一个窗口中新建了三个 Button，三个 Button 依次从左到右排列，并位于窗口的中间，Button 的水平和垂直方向的距离都是 30。如果改变窗口的大小，Button 的位置会发生变化，但是 Button 的顺序、位置和相互之间的距离一直都不发生改变。

如图 6-2-2 所示列出了 FlowLayout 的三个构造方法。其中，参数 align 决定组件在每行中相对于容器边界的对齐方式，可以使用该类中提供的常量作为参数传递给构造方法。其中 FlowLayout.LEFT 表示左对齐，FlowLayout.RIGHT 表示右对齐，FlowLayout.CENTER 表示居中对齐，参数 hgap 和参数 vgap 分别设定组件之间的水平和垂直间隙。

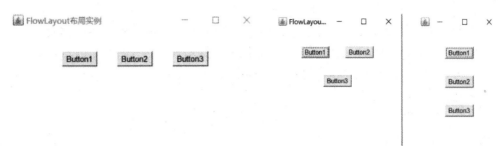

图 6-2-1 流式布局管理器的实例

方法声明	功能描述
FlowLayout()	组件默认居中对齐,水平,垂直间距默认为 5 个单位
FlowLayout(int align)	指定组件相对于容器的刻齐方式,水平,垂直间距默认为 5 个单位
FlowLayout(int align,int hgap,int vgap)	指定组件相对于容器的刻齐方式,水平,垂直间距

图 6-2-2 流式布局管理器构造方法

如图 6-2-3 所示是一个流式布局管理器的实例代码,首先设置 FlowLayout 中的组件位于窗口的中间,组件的水平和垂直方向的距离都是 30;在窗口中新建三个 Button;如果改变窗口的大小,Button 的位置也会发生变化,但是 Button 的顺序、位置和相互之间的距离一直都不发生改变。

```java
public class FlowExample {
    public static void main(String[] args) {
        Frame f = new Frame("FlowLayout 布局实例");
        // 为窗口设置流式布局
        f.setLayout(new     FlowLayout(FlowLayout.CENTER,30,30));
        f.setSize(400, 300);
        f.setLocation(600, 300);
        f.setVisible(true);
        // 为窗口增加三个 Button 组件
        Button mButton1 = new Button("Button1");
        f.add(mButton1);
        Button mButton2 = new Button("Button2");
        f.add(mButton2);
        Button mButton3 = new Button("Button3");
        f.add(mButton3);
    }
}
```

图 6-2-3 流式布局管理器实例代码

BorderLayout 布局的运行效果如图 6-2-4 所示；BorderLayout（边界布局管理器）是一种较为复杂的布局方式，它将容器划分为五个区域，分别是东（EAST）、南（SOUTH）、西（WEST）、北（NORTH）、中（CENTER），组件被放置在这五个区域中的任意一个。

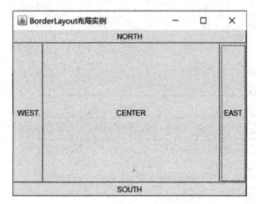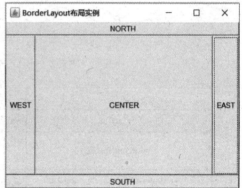

图 6-2-4　　BorderLayout 布局的运行效果

BorderLayout 的好处就是可以限定各区域的边界，当用户改变容器窗口大小时，各个组件的相对位置保持不变，向 BorderLayout 的布局管理器添加组件时，如果不指定添加到哪个区域，则默认添加到 CENTER 区域，并且每个区域只能放置一个组件，当向一个区域中添加多个组件时，后放入的组件会覆盖先放入的组件。

BorderLayout 的实例代码如图 6-2-5 所示，当向 Borderlayout 布局管理器的容器中添加组件时，需要使用 add（Component comp，Object constraints）方法。其中参数 comp 表示要添加的组件，参数 constraints 表示组件的位置，可以使用 BorderLayout 类提供的 5 个常量，它们分别是 EAST、SOUTH、WEST、NORTH 和 CENTER。

GridLayout 的实例如图 6-2-6 所示。GridLayout 使用纵横线将容器分成 n 行 m 列大小相等的网格，每个网格中放置一个组件。加到容器中的组件首先放置在第 1 行第 1 列（左上角）的网格中，然后在第 1 行的网格中从左向右依次放置其他组件，行满后，继续在下一行中从左到右放置组件。与 FlowLayout 不同的是，放置在 GridLayout 布局管理器中的组件将自动占据网格的整个区域。

如图 6-2-7 所示列出了 GridLayout 的三个构造方法，其中参数 rows 代表行数，cols 代表列数，hgap 和 vgap 分别代表水平和垂直方向的间隙，水平间隙指的是网格之间的水平距离，垂直间隙指的是网格之间的垂直距离。

GridLayout 的实例代码如图 6-2-8 所示。Frame 窗口采用 GridLayout 布局管理器，设置了 16 个按钮组件，按钮组件按照编号从左到右，从上到下填满了整个容器。GridLayout 布局管理器的特点是组件的相对位置不随区域的缩放而改变，但组件的大小会随之改变，组件始终占据网格的整个区城，GridLayout 的缺点就是所有组件的宽高都相同。

```
public class BorderExample {
    public static void main(String[] args) {
        Frame f = new Frame("BorderLayout 布局实例");
        // 为窗口设置流式布局
        f.setLayout(new BorderLayout());
        f.setSize(400， 300);
        f.setLocation(600， 300);
        f.setVisible(true);
        // 为窗口增加五个 Button 组件
        Button mButton1 = new Button("EAST");
        f.add(mButton1，BorderLayout.EAST);
        Button mButton2 = new Button("WEST");
        f.add(mButton2，BorderLayout.WEST);
        Button mButton3 = new Button("SOUTH");
        f.add(mButton3，BorderLayout.SOUTH);
        Button mButton4 = new Button("NORTH");
        f.add(mButton4，BorderLayout.NORTH);
        Button mButton5 = new Button("CENTER");
        f.add(mButton5，BorderLayout.CENTER);
    }
}
```

图 6-2-5　BorderLayout 实例代码

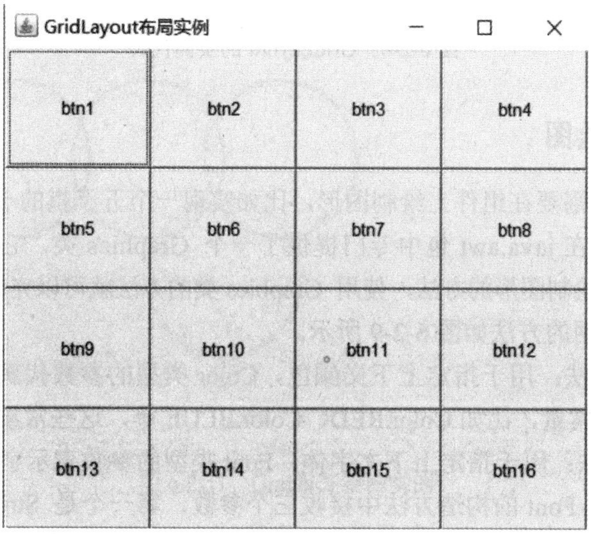

图 6-2-6　GridLayout 实例代码

```
class MyPanel extends Panel{
    public void paint(Graphics g) {
        super.paint(g);
        g.setColor(Color.blue);
        g.drawOval(10, 10, 80, 80);
        g.setColor(Color.black);
        g.drawOval(80, 10, 80, 80);
        g.setColor(Color.red);
        g.drawOval(150, 10, 80, 80);
        g.setColor(Color.yellow);
        g.drawOval(50, 70, 80, 80);
        g.setColor(Color.green);
        g.drawOval(120, 70, 80, 80);
    }
}
```

图 6-2-12 Graphics 绘图代码

在代码中定义了一个 MyPanel 类继承自 Panel 类，重写 MyPanel 的 paint()方法，在 paint()方法中，首先调用 Graphics 的 setColor()方法，将当前上下文的颜色设置为蓝色，调用 drawOval()方法以绘制一个圆形；依次设置当前上下文的颜色为黑色、红色、黄色和绿色，并分别绘制圆形。

在 main()方法中，创建 MyPanel 对象 myPanel，将其添加到 Frame 窗口中，最终窗口绘制出奥运的五环图案，如图 6-2-13 所示。

```
public class GraphicsExample {
    public static void main(String[] args) {
        Frame f = new Frame("Graphic 绘图实例");
        f.setSize(400, 300);
        f.setLocation(600, 300);
        f.setVisible(true);
        // 为窗口增加 MyPanel 组件
        MyPanel myPanel=new MyPanel();
        f.add(myPanel);
    }
}
```

图 6-2-13 Graphics 绘图代码

总结：本节首先介绍 AWT 的常用布局，通过不同的实例介绍各种布局的优点和缺点；最后介绍了 AWT 绘图工具类的常用方法，并通过一个实例讲述了 AWT 绘图工具类的使用流程。

6.3　Swing 窗口与对话框

Swing 窗口与对
话框视频

Java 中提供了 AWT 和 Swing 两种组件实现图形界面，上一节对 AWT 组件进行讲解，接下来针对 Swing 组件进行讲解。

相较于 AWT，Swing 包中提供了更加丰富、便捷强大的 GUI 组件。本节主要介绍 Swing 包中的常用组件，主要包括 JFrame、JDialog 和中间容器的使用方法。

6.3.1　JFrame 窗口

Swing 组件的使用方式和 AWT 差不多，如图 6-3-1 所示是 Swing 组件的继承关系图。

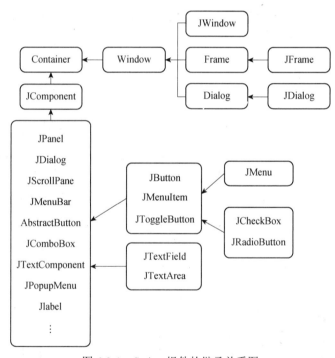

图 6-3-1　Swing 组件的继承关系图

大部分的 Swing 组件都是 JComponent 类的直接或者间接子类，而 JComponent 类是 AWT 中 Container 的子类，Swing 中的三个组件 JWindow、JFrame 和 JDialog 都是 Window 的子类，都需要依赖本地平台，因此被称为重量级组件。其中，JWindow 很少被使用，一般都使用 JFrame 和 JDialog。接下来对这些常用 Swing 组件分别进行介绍。

如图 6-3-2 所示是 JFrame 的一个实例。在 Swing 组

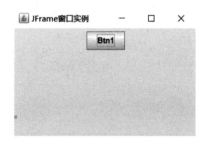

图 6-3-2　JFrame 实例

件中，最常见的一个就是 JFrame，它和 Frame 一样是一个独立存在的顶级窗口，不能放置在其他容器之中。

JFrame 支持通用窗口所有的基本功能，例如，窗口最小化、设定窗口大小等。JFrame 的实例代码如图 6-3-3 所示。

```java
public class JFrameExample extends JFrame {
    public JFrameExample() {
        this.setTitle("JFrame 窗口实例");
        this.setSize(300, 200);
        JButton mButton=new JButton("Btn1");
        this.setLayout(new FlowLayout());
        this.add(mButton);
        this.setDefaultCloseOperation (JFrame.EXIT_ON_CLOSE);
        this.setVisible(true);
    }
    public static void main(String[] args) {
        new JFrameExample();
    }
}
```

图 6-3-3　JFrame 实例代码

首先新建一个实例类 JFrameExample 类继承自 JFrame 类，通过 JFrame 类创建了一个窗体，在构造函数中，添加了一个 JButton 的按钮。从 JFrame 的实例中可以看出，JFrame 与 Frame 窗体的效果大致相同，但最大的区别在于，JFrame 类提供了关闭窗口的功能；在程序中不需要添加窗体监听器，只需调用 setDefaultCloseOperation() 方法，然后将常量 JFrame.EXIT_ON_CLOSE 作为参数传入即可，该参数表示单击窗口关闭图标按钮时退出程序。

6.3.2　JDialog 对话框

JDialog 是 Swing 的另外一个顶级窗口，如图 6-3-4 所示。对话框可分为两种：模态对话框和非模态对话框。模态对话框指的是用户需要等到处理完对话框后才能继续与其他窗口交互，而非模态对话框允许用户在处理完对话框的同时与其他窗口交互。

图 6-3-4　JDialog 对话框实例

可以在创建 Dialog 对象时为构造方法传入参数来设置模态对话框和非模态对话框，也可以在创建 Dialog 对象后调用它的 setMode 方法来进行设置。

　　JDialog 的构造函数如图 6-3-5 所示，在这三个构造方法中都需要接收一个 Frame 类型的对象，表示对话框所有者。参数 model 用来指定 JDialog 窗口是模态的还是非模态的，model 为 true 时对话框为模态对话框，model 为 false 时对话框为非模态对话框。

方法声明	功能描述
JDialog(Frame owner)	创建一个非模态的对话框，owner 为对话框所有者
JDialog(Frame owner,String title)	创建一个具有指定标题的模态对话框
JDialog(Frame owner, boolean model)	创建一个有指定模式的无标题对话框

图 6-3-5　JDialog 构造函数

　　JFrame 和 JDialog 的代码实例如图 6-3-6 所示，新建了一个 JFrame 对象，并建立了两个按钮；新建了一个 JDialog 对象，并设置对话框的大小；设置布局管理器为流式布局管理器，JDialog 中创建一个按钮对象，将按钮添加到对话框的内容面板中。

```java
public static void main(String[] args) {
    JFrame f = new JFrame("Dialog 实例");
    f.setSize(300， 200);
    // 为内容面板设置布局管理器
    f.setLayout(new FlowLayout());
    // 建立两个按钮
    JButton mJButton1 = new Jbutton("模态对话框");
    JButton mJButton2 = new Jbutton("非模态对话框");
    // 设置单击关闭按钮默认关闭窗口
    f.setDefaultCloseOperation(JFrame.EXIT_ON_CLOSE);
    f.setVisible(true);
    // 在 Container 对象上添加按钮
    f.add(mJButton1);
f.add(mJButton2);
// 定义一个 JDialog 对话框
    final JDialog mJDialog = new Jdialog (f， "Dialog");
    // 设置对话框大小
    mJDialog.setSize(250， 150);
    // 设置布局管理器
    mJDialog.setLayout(new  FlowLayout());
    // 创建按钮对象
    JButton mJButton3 = new JButton("确定");
    // 在对话框的内容面板添加按钮
    mJDialog.add(mJButton3);
}
```

图 6-3-6　JFrame 和 JDialog 的代码实例

按钮 1 单击事件代码实例如图 6-3-7 所示，为 mJButton1 按钮 1 添加了一个 ActionListener 的监听器，在 ActionListener 的监听器中实现了 actionPerformed 方法；按钮 1 被单击的时候，设置对话框为模态对话框，如果 JDialog 窗口中没有添加 JLabel 标签，就把 JLabel 标签加上，显示内容为"模式对话框，单击确定按钮关闭"，最后显示对话框。

```
public static void main(String[] args) {
//.....按图 6-3-6 代码
// 为"模态对话框"按钮添加单击事件
mJButton1.addActionListener(new ActionListener() {
        public void actionPerformed(ActionEvent e) {
        // 设置对话框为模态对话框
        mJDialog.setModal(true);
        // 如果 JDialog 窗口中没有添加 JLabel 标签，就把 JLabel 标签加上
        if (mJDialog.getComponents().length == 1) {
            mJDialog.add(mJLabel);
        }
        // 否则修改标签的内容
        mJLabel.setText("模式对话框，单击确定按钮关闭");
        // 显示对话框
        mJDialog.setVisible(true);
        }
});
//.....
    }
```

图 6-3-7　按钮 1 单击事件代码实例

按钮 2 单击事件代码实例如图 6-3-8 所示，为 mJButton2 按钮 2 添加了一个 ActionListener 的监听器，在 ActionListener 的监听器中实现了 actionPerformed 方法；按钮 2 被单击的时候，设置对话框为非模态对话框，如果 JDialog 窗口中没有添加 JLabel 标签，就把 JLabel 标签加上，显示内容为"非模式对话框，单击确定按钮关闭"，最后显示对话框。

对话框中按钮 3 单击事件代码实例如图 6-3-9 所示，为 mJButton3 按钮 3 添加了一个 ActionListener 的监听器，在 ActionListener 的监听器中实现了 actionPerformed 方法。按钮 3 被单击的时候，释放并关闭对话框。

```
public static void main(String[] args) {
//…..接图 6-3-7 代码
// 为"模态对话框"按钮添加单击事件
mJButton2.addActionListener(new ActionListener() {
        public void actionPerformed(ActionEvent e) {
        // 设置对话框为模态
        mJDialog.setModal(false);
        // 如果 JDialog 窗口中没有添加了 JLabel 标签，就把 JLabel 标签加上
        if (mJDialog.getComponents().length == 1) {
            mJDialog.add(mJLabel);
         }
        // 否则修改标签的内容
        mJLabel.setText("非模式对话框，单击确定按钮关闭");
        // 显示对话框
        mJDialog.setVisible(true);
        }
});
//…..
}
```

图 6-3-8　按钮 2 单击事件代码实例

```
public static void main(String[] args) {
//…..接图 6-3-8 代码
// 为对话框中的按钮添加单击事件
mJButton3.addActionListener(new ActionListener(){
        public void actionPerformed(ActionEvent e){
            mJDialog.dispose();
        }
});
//…..
}
```

图 6-3-9　按钮 3 单击事件代码实例

6.3.3　中间容器

Swing 组件中不仅具有 JFrame 和 JDialog 这样的顶级窗口，还提供了一些中间容器，这些容器不能单独存在，只能放置在顶级窗口中。

其中最常见的中间容器有两种，即 JPanel 和 JScrollPane。接下来分别介绍这两种容器。如图 6-3-10 所示是 JPanel 的应用实例，定义了两个 JPanel 对象，每个 JPanel 对象都包含了三个 Button，从实例可以看出，JPanel 对象与 AWT 中的 Panel 组件使用方法基本一致，它是一个无边框，不能被移动、放大、缩小或者关闭。

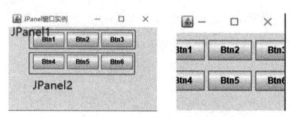

图 6-3-10　JPanel 应用实例

JPanel 的默认布局管理器是 FlowLayout，当然也可以使用 JPanel 带参数的构造函数 JPanel（LayoutManager layout）或者它的 setLayout 方法为其制定布局管理器。

下面我们介绍 JPanel 代码实例。如图 6-3-11 所示，新建一个 JPanelExample 类，在 JPanelExample 类的构造函数中，首先新建一个 JPanel 对象 mjPanel1 和三个 Button 对象，将三个 Button 对象加入到 JPanel 对象中。

同样新建一个 JPanel 对象 mjPanel2 和三个 Button 对象，最后将 mjPanel1 和 mjPanel2 都添加到 JFrame 对象中。

```
public class JPanelExample extends JFrame {
  public JPanelExample() {
    this.setTitle("JPanel 窗口实例");
    this.setSize(300， 200);
    JPanel mjPanel1=new JPanel();
    JButton mButton1=new JButton("Btn1");
    JButton mButton2=new JButton("Btn2");
    JButton mButton3=new JButton("Btn3");
    mjPanel1.add(mButton1);
    mjPanel1.add(mButton2);
mjPanel1.add(mButton3);
JPanel mjPanel2=new JPanel();
JButton mButton4=new JButton("Btn4");
JButton mButton5=new JButton("Btn5");
```

图 6-3-11　JPanel 代码实例 1

```
JButton mButton6=new JButton("Btn6");
mjPanel2.add(mButton4);
mjPanel2.add(mButton5);
mjPanel2.add(mButton6);
this.add(mjPanel2);
    this.setLayout(new FlowLayout());
    this.setDefaultCloseOperation(JFrame.EXIT_ON_CLOSE);
    this.setVisible(true);
    }
}
```

图 6-3-11　JPanel 代码实例 1（续）

在 JPanelExample 类的 main 方法中，新建一个 JPanelExample 对象，调用 JPanelExample 的构造方法，生成 JFrame 窗口，如图 6-3-12 所示。

```
public class JPanelExample extends JFrame {
public static void main(String[] args) {
    new JPanelExample();
    }
    }
```

图 6-3-12　JPanel 代码实例 2

如图 6-3-13 所示是 JScrollPane 的应用实例。JScrollPane 与 JPanel 不同，JScrollPane 是一个带有滚动条的面板容器，而且这个面板只能添加一个组件。如果想往 JScrollPane 面板中添加多个组件，应该先将组件添加到 JPanel 中，然后将 JPanel 添加到 JScrollPane 中。

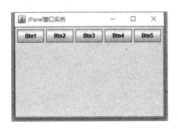 

图 6-3-13　JScrollPane 的应用实例

如图 6-3-14 所示是 JScrollPane 代码实例。新建一个 JScrollPanelExample 类，在 JScrollPanelExample 类的构造函数中，新建 1 个 JScrollPane 对象 mJScrollPane 和 1 个 JPanel 对象 mJPanel 及 5 个 JButton 对象，将 5 个 JButton 对象加入到 mJPanel 对象中。

通过 JScrollPane 的 setViewportView 方法将 mJPanel 添加到 mJScrollPane 对象中；将 mJScrollPane 对象添加到 JFrame 对象中，并将 mJScrollPane 对象放在 JFrame 窗口的中间。

在 JScrollPanelExample 类的 main 方法中，新建一个 JScrollPanelExample 对象，调用 JScrollPanelExample 的构造方法，生成 JFrame 窗口，如图 6-3-15 所示。

```java
public class JScrollPanelExample extends JFrame {
    public JScrollPanelExample() {
        this.setTitle("JPanel 窗口实例");
        this.setSize(300, 200);
        JScrollPane mJScrollPane=new JScrollPane();
        JPanel mJPanel=new JPanel();
        JButton mButton1=new JButton("Btn1");
        JButton mButton2=new JButton("Btn2");
        JButton mButton3=new JButton("Btn3");
        JButton mButton4=new JButton("Btn4");
        JButton mButton5=new JButton("Btn5");
        mJPanel.add(mButton1);
        mJPanel.add(mButton2);
        mJPanel.add(mButton3);
        mJPanel.add(mButton4);
        mJPanel.add(mButton5);
    mJScrollPane.setViewportView(mJPanel);
        this.add(mJScrollPane，BorderLayout.CENTER);
        this.setDefaultCloseOperation (JFrame.EXIT_ON_CLOSE);
        this.setVisible(true);
    }
```

图 6-3-14　JScrollPane 的代码实例 1

```java
public class JScrollPanelExample extends JFrame {
public static void main(String[] args) {
    new JScrollPanelExample();
}
}
```

图 6-3-15　JScrollPane 的代码实例 2

在 JFrame 窗口中，首先生成的是 JScrollPane 滚动条对象，在 JScrollPane 滚动条对象里面包含了 mJPanel 对象，在 mJPanel 对象中，包含了 5 个 JButton 对象。

总结：本节首先介绍 JFrame 窗口的作用和使用方法，通过实例介绍 JDialog 对话框的两种启动方式；最后介绍了 JScrollPane 和 JPanel 中间容器的作用与使用方法。

6.4　Swing 菜单与按钮组件

在 Java 程序中，菜单是很常见的组件，利用 Swing 提供的菜单组件可以创建出多种样式的菜单，其中最常用的就是下拉式菜单和弹出式菜单。

在 Swing 中常见的按钮组件有 JCheckbox、JRadioButton、JComboBox 等。本节主要介绍菜单组件和按钮组件的使用方法。

Swing 菜单与按钮组件视频

6.4.1　Menu 组件

Java 的菜单组件主要分为下拉式菜单和弹出式菜单，对于下拉式菜单，大家比较熟悉，因为很多应用软件的菜单都是下拉式的。如图 6-4-1 所示是 Java 开发环境中的 Eclipse 工具菜单。

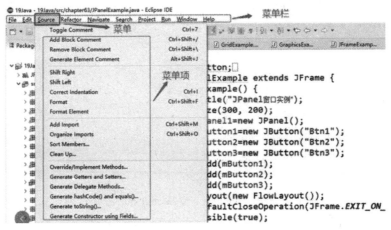

图 6-4-1　Eclipse 工具菜单

在 GUI 程序中，创建下拉式菜单需要使用三个组件：Menubar（菜单栏）、JMenu（菜单）和 JMenuItem（菜单项）。以 Eclipse 为例，这三个组件在菜单中对应的位置如图 6-4-1 所示。

（1）菜单栏：表示一个水平的菜单栏，它用来管理菜单，不参与同用户的交互式操作，菜单栏可以放在容器的任何位置，但通常情况下会使用顶级窗口的 setJMenuBar 方法将它放置在顶级窗口的顶部。JMenuBar 有一个无参构造函数，创建菜单栏时，只需要使用 new 关键字创建 JMenuBar 对象即可。创建完菜单栏对象后，可以调用它的 add(Jmenu e)方法为其添加 JMenu 菜单。

（2）菜单：JMenu 表示一个菜单，它用来整合管理菜单项。菜单可以采用单一层次的结构，也可以采用多层次的结构。大多数情况下，使用 JMenu(String text)构造函数创建 JMenu 菜单，参数 text 表示菜单上的文本。

（3）菜单项：JMenuItem 表示一个菜单项，它是菜单系统中最基本的组件。和 JMenu 菜单一样，在创建 JMenuItem 菜单项时，通常会使用 JMenuItem(String text)这个构造方法为菜单项指定文本内容；JMenuItem 继承自 AbstractButton 类，可以把它看成是一个按钮，可以调用从 AbstractButton 类中继承的 setText(String text)方法和 setIcon()方法为其设置文本和图标。

如图 6-4-2 所示是下拉式菜单的实例。下拉式菜单包含了一个菜单栏，"Window"和"File"菜单。其中"Window"菜单包含两个菜单项，分别为"最小化"和"关闭"，单击"最小化"，窗口最小化，单击"关闭"，窗口关闭。

如图 6-4-3 所示是下拉式菜单源代码，在 JMenuExample1 类的构造函数中，首先新建一个菜单栏对象 mJMenuBar，将菜单栏添加到 JFrame 窗口中。

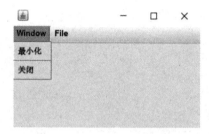

图 6-4-2　下拉式菜单实例

```java
public class JMenuExample1 extends JFrame{
    public JMenuExample1() {
        // 创建菜单栏
        JMenuBar mJMenuBar=new JMenuBar();
        // 将菜单栏添加到 JFrame 窗口中
        this.setJMenuBar(mJMenuBar);
        // 创建"Window"和"File"菜单
        JMenu jMenu1=new JMenu("Window");
        JMenu jMenu2=new JMenu("File");
        // 将菜单添加到菜单栏上
        mJMenuBar.add(jMenu1);
        mJMenuBar.add(jMenu2);
        //为"Window"菜单创建两个菜单项
        JMenuItem mJMenuItem1 = new JMenuItem("最小化");
        JMenuItem mJMenuItem2 = new JMenuItem("关闭");
        // 为菜单项添加事件监听器
        mJMenuItem1.addActionListener(new ActionListener()
        {
            public void actionPerformed(ActionEvent e) {
                JMenuExample1.this.setExtendedState
                    (JFrame.ICONIFIED);
            }
        });
        mJMenuItem2.addActionListener(new ActionListener()
        {
```

图 6-4-3　下拉式菜单源代码

```
        public void actionPerformed(ActionEvent e) {
            System.exit(0);
        }
    });
    // 将菜单项添加到菜单中
    jMenu1.add(mJMenuItem1);
    // 添加一个分隔符
    jMenu1.addSeparator();
    jMenu1.add(mJMenuItem2);
    this.setDefaultCloseOperation(JFrame.EXIT_ON_CLOSE);
    this.setSize(300,    300);
    this.setVisible(true);
    }
    public static void main(String[] args) {
        new JMenuExample1();
    }
}
```

图 6-4-3 下拉式菜单源代码（续）

创建 "Window" 和 "File" 菜单，将菜单添加到菜单栏上，为 "Window" 菜单创建两个菜单项，分别为 "最小化" 和 "关闭"。

为菜单项 "最小化" 添加事件监听器，在 actionPerformed 方法中，通过 setExtendedState 方法设置窗口最小化；为菜单项 "关闭" 添加事件监听器，在 actionPerformed 方法中，通过 System.exit(0)方法关闭并退出窗口。

将菜单项添加到菜单中，并在菜单项之间添加一个分隔符；在 JMenuExample1 类的 main 方法中，新建一个 JMenuExample1 对象，调用 JMenuExample1 的构造方法，生成 JFrame 窗口。

如图 6-4-4 所示是弹出式菜单的实例。在下拉式菜单的基础上，在窗口编辑区右键单击，弹出了三个菜单项，分别为 "Source" "Refactor" 和 "Exit"，单击 "Exit"，窗口关闭。

如图 6-4-5 所示是弹出式菜单源代码实例，在上一个下拉式菜单实例的基础上，在 JMenuExample1 类的构造函数中新建一个弹出式菜单对象 mJPopupMenu。为弹出式菜单创建 3 个菜单项，分别为 "Source" " Refactor " 和 " Exit "。为菜单项 "关闭" 添加事件监听器，在 actionPerformed 方法中，通过 System.exit(0)方法关闭并退

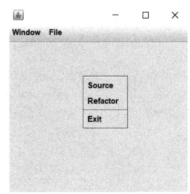

图 6-4-4 弹出式菜单实例

出窗口；将 "Source" "Refactor" 和 "Exit" 三个菜单项添加到弹出式菜单中。

```
public class JMenuExample1 extends    JFrame{
  public JMenuExample1() {
    // 创建弹出式菜单
JPopupMenu mJPopupMenu = new JPopupMenu();
// 为弹出式菜单创建三个菜单项
JMenuItem mJMenuItem3 = new JMenuItem("Source");
JMenuItem mJMenuItem4 = new JMenuItem("Refactor");
JMenuItem mJMenuItem5 = new JMenuItem("Exit");
// 为"Exit"菜单项添加事件监听器
mJMenuItem5.addActionListener(new ActionListener() {
        public void actionPerformed(ActionEvent e) {
                System.exit(0);
        }
});
// 将菜单项添加到弹出式菜单中
mJPopupMenu.add(mJMenuItem3);
mJPopupMenu.add(mJMenuItem4);
mJPopupMenu.addSeparator();
mJPopupMenu.add(mJMenuItem5);
// Frame 窗口增加鼠标右键单击事件
// MouseAdapter 接口适配类用于处理鼠标单击事件
this.addMouseListener(new MouseAdapter() {
        public void mouseClicked(MouseEvent e) {
          if (e.getButton() == e.BUTTON3) {
            mJPopupMenu.show(e.getComponent()，e.getX()，e.getY());
          }
        }
});
  }
    public static void main(String[] args) {
      new JMenuExample1();
    }
}
```

图 6-4-5　弹出式菜单源代码

　　PopupMenu 弹出式菜单和下拉式菜单一样都通过调用 add 方法添加 JMenuItem 菜单项，但它默认是不可见的。如果想要将 PopupMenu 显示出来，则必须调用它的 show(Component invoker，int x，int y)方法，该方法中参数 invoker 表示 PopupMenu 菜单的父组件，x 和 y 表示父组件坐标空间中 PopupMenu 菜单的左上角坐标。

在 Frame 窗口中增加鼠标右键单击事件，其中 MouseAdapter 接口适配类用于处理鼠标单击事件，在 MouseAdapter 接口的 mouseClicked 方法中，如果用户单击了右键，使用 show 方法将弹出式菜单进行显示。

在 JMenuExample1 类的 main 方法中，新建一个 JMenuExample1 对象，调用 JMenuExample1 的构造方法，生成 JFrame 窗口。

6.4.2　按钮组件

Java 的 Swing 中常见的按钮组件有 JButton、JCheckBox、JRadioButton 等，它们都是抽象类 AbstractButton 的子类。Abstract Button 类中提供了按钮组件通用的一些方法，如图 6-4-6 所示是 AbstractButton 常用方法功能说明。

方法声明	功能描述
void getIcon()和 setIcon(Icon icon)	获取和设置按钮的图标
String getText()和 void setText(String text)	获取和设置按钮的文本
void setEnable(boolean b)	设置按钮的使能状态
setSelected(boolean b)	设置按钮的选择状态
Boolean isSelected()	返回按钮的状态

图 6-4-6　AbstractButton 常用方法功能说明

getIcon 和 setIcon 分别用于获取和设置按钮的图标；getText 和 setText 分别用于获取和设置按钮的文本；setEnable 用于设置按钮的使能状态；setSelected 用于设置按钮的选择状态；isSelected 用于判断返回按钮的状态。

1. JCheckBox 组件

下面介绍 JCheckBox 组件。JCheckBox 被称为复选框，它有选中和未选中两种状态；如果用户想接收的输入只有"是"和"非"，则可以通过复选框来切换状态，如果复选框有多个，则用户可以选中其中一个或者多个。JCheckBox 的构造方法如图 6-4-7 所示。String text 参数用于指定创建的文本信息，boolean selected 参数用于指定按钮的初始状态。

方法声明	功能描述
JCheckBox()	创建一个没有文本信息，初始状态未被选中的复选框
JCheckBox(String text)	创建一个有文本信息，初始状态未被选中的复选框
JCheckBox(String text，boolean selected)	创建一个有文本信息，并指定初始状态的复选框

图 6-4-7　JCheckBox 构造方法

如图 6-4-8 所示是 JCheckBox 的实例：在窗口的中间建立一个文本标签用于显示内容；最下边新建了两个 JCheckBox 的组件分别为"男生"和"女生"，单击"男生"按钮，文本标签显示"你选择了男生"；单击"女生"按钮，文本标签显示"你选择了女生"。

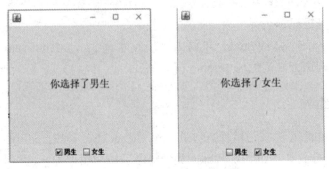

图 6-4-8　JCheckBox 实例

如图 6-4-9 所示是 JCheckBox 的实例代码。首先新建 JCheckBoxExample 类，在 JCheckBoxExample 类的构造函数中创建一个 JLabel 标签，标签文本居中对齐，设置标签文本的字体为宋体，将标签加入到 Frame 中间。

```
public class JCheckBoxExample extends JFrame {
    public JCheckBoxExample() {
    // 创建一个 JLabel 标签 ，标签文本居中对齐
    JLabel mJLabel = new JLabel("JCheckBox 欢迎你!"， JLabel.CENTER);
// 设置标签文本的字体
mJLabel.setFont(new Font("宋体"， Font.PLAIN， 20));
this.add(mJLabel);   // 在 CENTER 域添加标签
JPanel mJPanel = new JPanel();  // 创建一个 JPanel 面板
// 创建两个 JCheckBox 复选框
JCheckBox mjCheckBox1 = new JCheckBox("男生");
JCheckBox mjCheckBox2 = new JCheckBox("女生");
    // 为复选框定义 ActionListener 监听器
    ActionListener listener = new ActionListener() {
        public void actionPerformed(ActionEvent e) {
            if (mjCheckBox1.isSelected())
                mJLabel.setText("你选择了男生");
            if (mjCheckBox2.isSelected())
                mJLabel.setText("你选择了女生");
        }
    };
```

图 6-4-9　JCheckBox 实例代码

```
        // 为两个复选框添加监听器
        mjCheckBox1.addActionListener(listener);
        mjCheckBox2.addActionListener(listener);
        // 在 JPanel 面板面板添加复选框
        mJPanel.add(mjCheckBox1);
        mJPanel.add(mjCheckBox2);
        // 在 SOUTH 域添加 JPanel 面板
        this.add(mJPanel，BorderLayout.SOUTH);
        this.setDefaultCloseOperation(JFrame.EXIT_ON_CLOSE);
        this.setSize(300，300);
        this.setVisible(true);
    }
    public static void main(String[] args) {
        new JCheckBoxExample();
    }
}
```

图 6-4-9　JCheckBox 实例代码（续）

然后创建一个 JPanel 面板，再创建两个 JCheckBox 复选框，分别为"男生"和"女生"；为复选框定义 ActionListener 监听器，在 ActionListener 监听器的 actionPerformed 方法中，如果单击"男生"按钮，将 JLabel 标签设置为"你选择了男生"；如果单击"女生"按钮，将 JLabel 标签设置为"你选择了女生"。

使用 addActionListener 方法为两个复选框添加监听器对象 listener，在 JPanel 面板中添加两个复选框对象 mjCheckBox1 和 mjCheckBox2；将 JPanel 面板对象添加到 JFrame 窗口的最下边。在 JCheckBoxExample 类的 main 方法中，新建一个 JCheckBoxExample 对象，调用 JCheckBoxExample 的构造方法，生成 JFrame 窗口。

2. JRadioButton 组件

下面我们介绍 JRadioButton，如图 6-4-10 所示是 JRadioButton 的实例：在窗口的中间建立一个文本标签用于调色板；最下边新建了 3 个 JRadioButton 的组件分别为"红色""绿色"和"蓝色"；单击"红色"按钮，调色板变成"红色"；单击"绿色"按钮，调色板变成"绿色"；单击"蓝色"按钮，调色板变成"蓝色"。

图 6-4-10　JRadioButton 实例

JRadioButton 组件被称为单选按钮。与 JCheckBox 复选框不同的是，单选按钮只能选中一个，就像收音机上的电台选择按钮，当按下一个按钮，先前按下的按钮就会自动弹起。对于 JRadioButton 按钮来说，当一个按钮被选中时，先前被选中的按钮就会自动取消。

JRadioButton 组件本身并不具备这种功能，因此若想实现 JRadioButton 按钮之间的互斥，要使用 ButtonGroup 类，它是一个不可见的组件，不需要将其增加到容器中显示，只是在逻辑上表示一个单选按钮组。

JRadioButton 的构造方法如图 6-4-11 所示。

方法声明	功能描述
JRadioButton()	创建一个没有文本信息，初始状态未被选中的单选框
JRadioButton(String text)	创建一个有文本信息，初始状态未被选中的单选框
JRadioButton(String text，boolean selected)	创建一个有文本信息，并指定初始状态的单选框

图 6-4-11　JRadioButton 构造方法

String text 参数用于指定创建的文本信息，boolean selected 参数用于指定按钮的初始状态。如图 6-4-12 所示是 JRadioButton 的实例代码，首先定义一个 addJRadioButton 方法，用于将按钮添加到 Panel 面板和 ButtonGroup 按钮组中，并为 JRadioButton 对象添加监听器。

```
public class JRadioButtonExample extends JFrame {
    private void addJRadioButton(JPanel mJPanel1，JPanel mJPanel2，ButtonGroup
                        mBtnGroup，String txt) {
//新建单选按钮
JRadioButton mRadioButton = new JRadioButton(txt);
mBtnGroup.add(mRadioButton);    //将单选按钮加入到单选按钮组
    mJPanel2.add(mRadioButton);    //将单选按钮加入到面板容器
    //为单选按钮添加监听方法
    mRadioButton.addActionListener(new ActionListener() {
      public void actionPerformed(ActionEvent e) {
        Color color = null;
        if (txt.equals("红色")) {
color = Color.RED;
}
        if (txt.equals("绿色")) {
color = Color.GREEN;
}
        if (txt.equals("蓝色")) {
color = Color.BLUE;
}
        mJPanel1.setBackground(color);    //修改调色板的颜色
      }
    });
}
```

图 6-4-12　JRadioButton 的实例代码

下面介绍一下 addJRadioButton 方法的参数。

（1）JPanel mJPanel1：调色板 Panel 对象。

（2）JPanel mJPanel2：单选按钮 Panel 对象。

（3）ButtonGroup mBtnGroup:单选按钮 Group 对象。

（4）String txt：JRadioButton 按钮的文本信息用于创建一个带有文本信息的 JRadioButton 按钮。

下面介绍 addJRadioButton 的实现流程。新建单选按钮 mRadioButton；将单选按钮 mRadioButton 加入到单选按钮组 mBtnGroup 中；将单选按钮 mRadioButton 加入到面板容器 mJPanel2 中。

通过 addActionListener 方法为单选按钮添加监听器；在 actionPerformed 方法中，判断 JRadioButton 按钮的文本信息。

根据 JRadioButton 按钮的文本信息，确定调色板的颜色；最后将调色板对象 mJPanel1 设置为选中的颜色。

如图 6-4-13 所示是 JRadioButton 的实例代码，首先定义 JRadioButtonExample 类，在 JRadioButtonExample 类的构造函数中，新建 JPanel 面板并作为调色板，将调色板放置在 CENTER 区域；新建 JPanel 面板放置 3 个 JRadioButton 按钮，新建单选按钮组对象；调用 addJRadioButton()方法添加三个 JRadioButton 按钮，按钮名称分别为"红色""绿色""蓝色"。

将包含 3 个 JRadioButton 按钮面板添加到最下面。在 JRadioButtonExample 类的 main 方法中，新建一个 JRadioButtonExample 对象，调用 JRadioButtonExample 的构造方法，生成 JFrame 窗口。

```java
public class JRadioButtonExample extends JFrame {
    public JRadioButtonExample() {
        JPanel mJPanel1 = new JPanel(); // 新建 JPanel 面板作为调色板
        this.add(mJPanel1，BorderLayout.CENTER); //调色板放置在 CENTER 区域
        JPanel mJPanel2 = new JPanel(); // 新建 JPanel 用于放置 3 个 JRadioButton
        ButtonGroup mButtonGroup = new ButtonGroup(); // 新建单选按钮组对象
        // 调用 addJRadioButton()方法添加三个 JRadioButton 按钮
        addJRadioButton(mJPanel1，mJPanel2，mButtonGroup，"红色");
        addJRadioButton(mJPanel1，mJPanel2，mButtonGroup，"绿色");
        addJRadioButton(mJPanel1，mJPanel2，mButtonGroup，"蓝色");
        //将包含 3 个 JRadioButton 按钮的面板添加到最下面
        this.add(mJPanel2，  BorderLayout.SOUTH);
        this.setSize(300，  300); this.setDefaultCloseOperation(JFrame.EXIT_ON_CLOSE);
        this.setVisible(true);
    }
```

图 6-4-13 JRadioButton 实例代码

```
        public static void main(String[] args) {
            new JRadioButtonExample();
        }
    }
```

图 6-4-13   JRadioButton 实例代码（续）

3. JComboBox 组件

下面我们介绍 JComboBox。如图 6-4-14 所示是 JComboBox 的实例，在窗口的北面新建一个下拉列表框和一个文本框；当用户单击下拉列表框的时候，会出现下拉式的选择列表，用户选择一项后，将用户选择的内容在文本框中显示。

图 6-4-14   JComboBox 实例

JCombobox 组件被称为组合框或者下拉列表框，它将所有选项折叠收藏在一起，默认显示的是第一个添加的选项。当用户单击组合框时，会出现下拉式的选择列表，用户可以从中选择其中一项并显示。

JComboBox 的构造方法如图 6-4-15 所示。

方法声明	功能描述
JComboBox()	创建一个没有可选项的组合框
JComboBox(Object items)	创建一个没有组合框，将 Object 集合中的 items 数组元素作为组合框的下拉列表选项
JComboBox(Vector items)	创建一个没有组合框，将 Vector 集合中的 items 数组元素作为组合框的下拉列表选项

图 6-4-15   JComboBox 构造方法

（1）Object items 参数：将 Object 集合中的 items 数组元素作为组合框的下拉列表选项。

（2）Vector items 参数：将 Vector 集合中的 items 数组元素作为组合框的下拉列表选项。

如图 6-4-16 所示是 JComboBoxExample 的实例代码：首先定义 JComboBoxExample 类，在 JComboBoxExample 类的构造函数中，新建 JTextField 文本组件、JPanel 面板对象、JComboBox 组合框组件；为组合框添加 6 个学历子选项；使用 addActionListener 为组合框添加事件监听器。

```
public class JComboBoxExample extends JFrame {
    public JComboBoxExample() {
        JTextField mJTextField = new JTextField(20); // 创建文本组件
        JPanel mJPanel = new JPanel();   // 创建 JPanel 面板
        JComboBox mJComboBox = new JComboBox(); //创建组合框组件
        // 为组合框添加选项
        mJComboBox.addItem("请选择学历");
        mJComboBox.addItem("高中");
        mJComboBox.addItem("大专"); mJComboBox.addItem("本科");
        mJComboBox.addItem("硕士"); mJComboBox.addItem("博士");
        // 为组合框添加事件监听器
        mJComboBox.addActionListener(new ActionListener() {
            public void actionPerformed(ActionEvent e) {
                String item = (String) mJComboBox.getSelectedItem();
                mJTextField.setText("您的学历是：" + item);
            }
        });
        mJPanel.add(mJComboBox);  // 在面板中添加组合框
        mJPanel.add(mJTextField);  // 在面板中添加文本框
        //将面板加入到窗口的北边
        this.add(mJPanel，  BorderLayout.NORTH);
        this.setSize(350， 200);
        this.setDefaultCloseOperation(JFrame.EXIT_ON_CLOSE);
        this.setVisible(true);
    }
    public static void main(String[] args) {
        new JComboBoxExample();
    }
}
```

图 6-4-16　JComboBox 实例代码

在 actionPerformed 方法中，通过 mJComboBox.getSelectedItem 获取被选中的子项的内容；将选择的子项的内容在 mJTextField 文本组件中进行显示。

在面板 mJPanel 中添加组合框 mJComboBox；在面板 mJPanel 中添加组合框 mJTextField；将面板 mJPanel 加入到窗口的上边；在 JComboBoxExample 类的 main 方法

中，新建一个 JComboBoxExample 对象，调用 JComboBoxExample 的构造方法，生成 JFrame 窗口。

总结：本节首先介绍 Menu 菜单组件的作用和使用方法，通过实例介绍 Menu 的下拉式菜单和弹出式菜单；接着介绍了常用按钮的分类；最后通过实例介绍了 JCheckbox、JRadioButton、JComboBox 三种按钮的使用方法。

6.5　单元实训

6.5.1　计算器

1. 实训任务

完成一个简易计算器的布局，计算器的最上面显示的是提示框，中间是各个符号键和数字键，单击各个按键，按键的信息可以显示到提示框中，如图 6-5-1 所示。

图 6-5-1　Task1 类运行效果

2. 编程过程

在 Eclipse 中创建包 chapter65，在包 chapter65 下创建 CalculatorGui 类。在 CalculatorGui 类中定义 Frame 窗口，窗口包含一个文本框和 Panel 容器；在 CalculatorGui 类中新建一个 setPanel 方法，用于在 Panel 容器中新建计算器的 Button，如图 6-5-2 所示。

在 CalculatorGui 类中新建一个 MyActionListener 内部类实现 ActionListener 接口，用于为按钮绑定监听器，绑定后，用户单击会自动调用此方法，如图 6-5-3 所示。

在 CalculatorGui 类新建构造方法中设置简易计算器的窗口属性，将 TextField 组件和 Panel 组件添加入窗口中。在 main 方法中新建 CalculatorGui 类对象生成窗口，如图 6-5-4 所示。

```
package chapter65;
import java.awt.BorderLayout;
import java.awt.Color;
import java.awt.Font;
import java.awt.GridLayout;
import java.awt.Panel;
import java.awt.TextField;
import java.awt.event.ActionEvent;
import java.awt.event.ActionListener;
import javax.swing.JButton;
import javax.swing.JFrame;
public class CalculatorGui {
// 创建一个带标题的 JFrame 窗口对象
        JFrame mFrame = new JFrame("计算器");
// 新建一个文本框
        TextField mTextField = new TextField();
// 新建一个 Panel 容器
        Panel mPanel = new Panel();
        private void setPanel(Panel panel) {
            // TODO Auto-generated method stub
            // 设置网格布局 3 行 3 列 ,垂直间距和水平间距：5 像素
            panel.setLayout(new GridLayout(5, 4, 5, 5));
JButton[] mButton = new JButton[20];
            mButton[0] = new JButton("CE");
            mButton[1] = new JButton("C");
            mButton[2] = new JButton("DEL");
            mButton[3] = new JButton("÷");
            mButton[4] = new JButton("7");
            mButton[5] = new JButton("8");
            mButton[6] = new JButton("9");
            mButton[7] = new JButton("×");
            mButton[8] = new JButton("4");
            mButton[9] = new JButton("5");
            mButton[10] = new JButton("6");
            mButton[11] = new JButton("-");
            mButton[12] = new JButton("1");
```

图 6-5-2　setPanel 方法

```
                    mButton[13] = new JButton("2");
                    mButton[14] = new JButton("3");
                    mButton[15] = new JButton("+");
                    mButton[16] = new JButton("+/-");
                    mButton[17] = new JButton("0");
                    mButton[18] = new JButton(".");
                    mButton[19] = new JButton("=");
                    for (int i = 0; i < 20; i++) {
                            mButton[i].setBackground(Color.lightGray);
                            mButton[i].setFont(new Font("宋体", Font.BOLD, 16));
                            MyActionListener myActionListener = new
            MyActionListener();
            // 添加 myActionListener 监听事件
                            mButton[i].addActionListener(myActionListener);
                                    panel.add(mButton[i]);
                    }
                }
            }
```

图 6-5-2　setPanel 方法（续）

```
    class MyActionListener implements ActionListener {
            public MyActionListener() {
            }
            /*
             * 按钮绑定监听器，单击会自动调用此方法
             */
            @Override
            public void actionPerformed(ActionEvent e) {
                    // TODO Auto-generated method stub
                    JButton mJButton=(JButton)e.getSource();
                    mTextField.setText(mJButton.getText());
            }

            }
```

图 6-5-3　MyActionListener 类

```java
package chapter65;
import java.awt.BorderLayout;
import java.awt.Button;
import java.awt.Color;
import java.awt.Font;
import java.awt.GridLayout;
import java.awt.Panel;
import java.awt.TextField;
import java.awt.event.ActionEvent;
import java.awt.event.ActionListener;
import javax.swing.JFrame;
public class CalculatorGui {
public CalculatorGui() {
        mFrame.setLayout(null);// 清空布局
        mFrame.setVisible(true);// 显示窗口
        mFrame.setSize(400, 300);// 设置窗口大小
        mFrame.setLocationRelativeTo(null);// 设置窗口居中
// 单击关闭图标按钮关闭程序
        mFrame.setDefaultCloseOperation(JFrame.EXIT_ON_CLOSE);
            mFrame.setLayout(new BorderLayout());// 设置边框布局
        mTextField.setBackground(Color.white);
        setPanel(mPanel);// 添加计算器按钮组件对象
        mFrame.add(mTextField, BorderLayout.NORTH);
        mFrame.add(mPanel, BorderLayout.CENTER);
    }
    public static void main(String[] args) {
        // TODO Auto-generated method stub
        //创建计算器窗口对象
        CalculatorGui mCalculatorGui=new CalculatorGui();
    }
}
```

图 6-5-4　构造方法和 main 方法

6.5.2　个人所得税计算器

1. 实训任务

2018 年 8 月 31 日，第十三届全国人民代表大会常务委员会第五次会议通过关于修改《中华人民共和国个人所得税法》的决定，将个税免征额由 3500 元提高到 5000 元，并将个人所得税的税率分为 7 挡，如表 6-5-1 所示。

表 6-5-1　个人所得税税率

级数	月平均应纳税所得额	税率(%)	速算扣除数
1	不超过 36000 元的	3	0
2	超过 36000 元至 144000 元的部分	10	2520
3	超过 144000 元至 300000 元的部分	20	16920
4	超过 300000 元至 420000 元的部分	25	31920
5	超过 420000 元至 660000 元的部分	30	52920
6	超过 660000 元至 960000 元的部分	35	85920
7	超过 960000 元的部分	45	181920

个人的应纳税所得额=月综合收入-起征点 5000 元-专项扣除（五险一金等）-专项附加扣除，最后所剩下的为个人应该纳税的部分。专项附加扣除是指个人所得税法规定的子女教育、继续教育、大病医疗、住房贷款利息、住房租金和赡养老人等六项专项附加扣除。

本小节完成一个简易个人所得税计算器，用户输入本月工资、五险一金扣除数、专项扣除数和个税起征点后，单击"计算个人所得税"按钮，计算应纳税所得额、应纳税金额和本月税后收入后将结果显示到文本框中，如图 6-5-5 所示。

图 6-5-5　个人所得税运行效果

2. 编程过程

在 Eclipse 中创建包 chapter65，在包 chapter65 下创建 TaxCal 类；在 TaxCal 中定义 Frame 窗口，窗口包含 8 个 Panel 容器；每个 Panel 容器包括一个标签和一个文本框组件；第 5 个 Panel 容器包括两个组件；如图 6-5-6 所示。

在 TaxCal 类中新建一个 TaxActionListener 内部类实现 ActionListener 接口，用于按钮绑定监听器，绑定后，用户单击会自动调用此方法。用户单击"计算个人所得税"按钮后，根据输入的本月工资、五险一金扣除数、专项扣除数和个税起征点后，依据个人所得税的级数和计算税率，计算应纳税所得额、应纳税金额和本月税后收入后将结果显示到文本框中，如图 6-5-7 所示。

```java
package chapter65;
import java.awt.BorderLayout;
import java.awt.Button;
import java.awt.Color;
import java.awt.FlowLayout;
import java.awt.Panel;
import java.awt.TextField;
import java.awt.event.ActionEvent;
import java.awt.event.ActionListener;
import javax.swing.JButton;
import javax.swing.JFrame;
import javax.swing.JLabel;
import javax.swing.JPanel;
import javax.swing.JTextField;
public class TaxCal {
        JFrame mFrame = new JFrame("计算器");// 创建一个 JFrame 窗口对象;
        Panel mJPanel1 = new Panel();// 新建一个 Panel 容器
        JLabel mJLabel1 = new JLabel("本月工资（元）                    : ");
        TextField mTextField1 = new TextField("   ", 20);//文本框
        Panel mJPanel2 = new Panel();// 新建一个 Panel 容器
        JLabel mJLabel2 = new JLabel("五险一金扣除数（元）: ");
        TextField mTextField2 = new TextField("   ", 20);//文本框
        Panel mJPanel3 = new Panel();// 新建一个 Panel 容器
        JLabel mJLabel3 = new JLabel("专项扣除数（元）           : ");
        TextField mTextField3 = new TextField("   ", 20);//个文本框
        Panel mJPanel4 = new Panel();// 新建一个 Panel 容器
        JLabel mJLabel4 = new JLabel("个税起征点（元）            : ");
        TextField mTextField4 = new TextField("   ", 20);//文本框
        Panel mJPanel5 = new Panel();// 新建一个 Panel 容器
        JButton mJButton1 = new JButton("计算个人所得税");
        JButton mJButton2 = new JButton("重置");
        Panel mJPanel6 = new Panel();// 新建一个 Panel 容器
        JLabel mJLabel6 = new JLabel("应纳税所得额（元）      : ");
        TextField mTextField6 = new TextField("   ", 20);//文本框
        Panel mJPanel7 = new Panel();// 新建一个 Panel 容器
        JLabel mJLabel7 = new JLabel("应纳税金额（元）            : ");
        TextField mTextField7 = new TextField("   ", 20);//文本框
        Panel mJPanel8 = new Panel();// 新建一个 Panel 容器
        JLabel mJLabel8 = new JLabel("本月税后收入（元）      : ");
        TextField mTextField8 = new TextField("   ", 20);//文本框
}
```

图 6-5-6　TaxCal 类初始化组件对象

```
public class TaxCal {
    class TaxActionListener implements ActionListener {
        /*
         * 按钮绑定监听器，单击会自动调用此方法
         */
        @Override
        public void actionPerformed(ActionEvent e) {
            // TODO Auto-generated method stub
            JButton mJButton = (JButton) e.getSource();
            String str = mJButton.getText().toString();
            if (str.equals("重置")) {
                mTextField1.setText("0");
                mTextField2.setText("0");
                mTextField3.setText("0");
                mTextField4.setText("0");
                mTextField6.setText("0");
                mTextField7.setText("0");
                mTextField8.setText("0");
            }
            if (str.equals("计算个人所得税")) {
                Double dSalary =
Double.parseDouble(mTextField1.getText());
                Double dInsure =
Double.parseDouble(mTextField2.getText());
                Double dDeduction =
Double.parseDouble(mTextField3.getText());
                Double dStartPoint =
Double.parseDouble(mTextField4.getText());
                Double dTaxable =
dSalary - dInsure - dDeduction - dStartPoint;
                Double dTax = 0.0;
                Double dIncome = 0.0;
                //根据分级税率计算个税和实际到手收入
                if (dTaxable <= 0) {
```

图 6-5-7　TaxActionListener 类

```
            dTax = 0.0;
            dIncome = dSalary - dTax-dInsure;
            mTextField6.setText(String.valueOf(dTaxable));
            mTextField7.setText(String.valueOf(dTax));
            mTextField8.setText(String.valueOf(dIncome));
            mTextField6.setText("0");
        } else if (dTaxable > 0 && dTaxable <= 3000) {
            dTax = dTaxable * 0.03;
            dIncome = dSalary - dTax-dInsure;
            mTextField6.setText(String.valueOf(dTaxable));
            mTextField7.setText(String.valueOf(dTax));
            mTextField8.setText(String.valueOf(dIncome));
        } else if (dTaxable > 3000 && dTaxable <= 12000) {
            dTax = 3000 * 0.03 + (dTaxable - 3000) * 0.1;
            dIncome = dSalary - dTax-dInsure;
            mTextField6.setText(String.valueOf(dTaxable));
            mTextField7.setText(String.valueOf(dTax));
            mTextField8.setText(String.valueOf(dIncome));
        } else if (dTaxable > 12000 && dTaxable <= 25000) {
            dTax = 3000 * 0.03 + (12000 - 3000) * 0.1 +
            (dTaxable - 12000) * 0.2;
            dIncome = dSalary - dTax-dInsure;
            mTextField6.setText(String.valueOf(dTaxable));
            mTextField7.setText(String.valueOf(dTax));
            mTextField8.setText(String.valueOf(dIncome));
        } else if (dTaxable > 25000 && dTaxable <= 35000) {
            dTax = 3000 * 0.03 + (12000 - 3000) * 0.1 +
            (25000 - 12000) * 0.2 + (dTaxable - 25000) * 0.25;
            dIncome = dSalary - dTax-dInsure;
            mTextField6.setText(String.valueOf(dTaxable));
            mTextField7.setText(String.valueOf(dTax));
            mTextField8.setText(String.valueOf(dIncome));
        } else if (dTaxable > 35000 && dTaxable <= 55000) {
            dTax = 3000 * 0.03 + (12000 - 3000) * 0.1 +
```

图 6-5-7　TaxActionListener 类（续）

```
                                (25000 - 12000) * 0.2 + (35000 - 25000) * 0.25
                                + (dTaxable - 35000) * 0.30;
                            dIncome = dSalary - dTax-dInsure;
                            mTextField6.setText(String.valueOf(dTaxable));
                            mTextField7.setText(String.valueOf(dTax));
                            mTextField8.setText(String.valueOf(dIncome));
                        } else if (dTaxable > 55000 && dTaxable <= 80000) {
                            dTax = 3000 * 0.03 + (12000 - 3000) * 0.1 +
                                (25000 - 12000) * 0.2 + (35000 - 25000) * 0.25
                                + (55000 - 35000) * 0.30 + (dTaxable - 55000) * 0.35;
                            dIncome = dTaxable - dTax;
                            mTextField6.setText(String.valueOf(dTaxable));
                            mTextField7.setText(String.valueOf(dTax));
                            mTextField8.setText(String.valueOf(dIncome));
                        } else if (dTaxable > 80000) {
                            dTax = 3000 * 0.03 + (12000 - 3000) * 0.1 + (25000
                                - 12000) * 0.2 + (35000 - 25000) * 0.25+ (55000 - 35000) *
                                0.30 + (80000 - 55000) * 0.35 + (dTaxable - 80000) * 0.45;
                            dIncome = dTaxable - dTax;
                            mTextField6.setText(String.valueOf(dTaxable));
                            mTextField7.setText(String.valueOf(dTax));
                            mTextField8.setText(String.valueOf(dIncome));
                        } else {
                            mTextField6.setText("输入有误：请重置");
                        }
                    }
                }
            }
        }
```

图 6-5-7　TaxActionListener 类（续）

在 TaxCal 类新建的构造方法中设置个人所得税计算器的窗口属性，设置 Panel 的内部组件，将所有的 Panel 组件添加到窗口中，并设置 Button 的监听方法；在 main 方法中新建 TaxCal 类对象生成窗口，如图 6-5-8 所示。

```
public class TaxCal {
    public TaxCal() {
        // TODO Auto-generated constructor stub
        mFrame.setLayout(null);// 清空布局
        mFrame.setVisible(true);// 显示窗口
        mFrame.setSize(400, 300);// 设置窗口大小
        mFrame.setLocationRelativeTo(null);// 设置窗口居中
// 单击关闭图标按钮关闭程序
        mFrame.setDefaultCloseOperation(JFrame.EXIT_ON_CLOSE);
        mFrame.setLayout(new FlowLayout());// 设置边框布局
        mJPanel1.setLayout(new BorderLayout());
        mJLabel1.setBackground(Color.white);
        mTextField1.setBackground(Color.white);
        mJPanel1.add(mJLabel1, BorderLayout.WEST);
        mJPanel1.add(mTextField1, BorderLayout.EAST);
        mJPanel2.setLayout(new BorderLayout());
        mJLabel2.setBackground(Color.white);
        mTextField2.setBackground(Color.white);
        mJPanel2.add(mJLabel2, BorderLayout.WEST);
        mJPanel2.add(mTextField2, BorderLayout.EAST);
        mJPanel3.setLayout(new BorderLayout());
        mJLabel3.setBackground(Color.white);
        mTextField3.setBackground(Color.white);
        mJPanel3.add(mJLabel3, BorderLayout.WEST);
        mJPanel3.add(mTextField3, BorderLayout.EAST);
        mJPanel4.setLayout(new BorderLayout());
        mJLabel4.setBackground(Color.white);
        mTextField4.setBackground(Color.white);
        mJPanel4.add(mJLabel4, BorderLayout.WEST);
        mJPanel4.add(mTextField4, BorderLayout.EAST);
        mJPanel5.setLayout(new BorderLayout(50, 10));
        TaxActionListener mTaxActionListener = new TaxActionListener();
        mJButton1.addActionListener(mTaxActionListener);
        mJButton2.addActionListener(mTaxActionListener);
        mJPanel5.add(mJButton1, BorderLayout.WEST);
        mJPanel5.add(mJButton2, BorderLayout.EAST);
        mJPanel6.setLayout(new BorderLayout());
```

图 6-5-8　构造方法和 main 方法

```
                    mJLabel6.setBackground(Color.white);
                    mTextField6.setBackground(Color.white);
                    mJPanel6.add(mJLabel6, BorderLayout.WEST);
                    mJPanel6.add(mTextField6, BorderLayout.EAST);
                    mJPanel7.setLayout(new BorderLayout());
                    mJLabel7.setBackground(Color.white);
                    mTextField7.setBackground(Color.white);
                    mJPanel7.add(mJLabel7, BorderLayout.WEST);
                    mJPanel7.add(mTextField7, BorderLayout.EAST);
                    mJPanel8.setLayout(new BorderLayout());
                    mJLabel8.setBackground(Color.white);
                    mTextField8.setBackground(Color.white);
                    mJPanel8.add(mJLabel8, BorderLayout.WEST);
                    mJPanel8.add(mTextField8, BorderLayout.EAST);
                    mFrame.add(mJPanel1);
                    mFrame.add(mJPanel2);
                    mFrame.add(mJPanel3);
                    mFrame.add(mJPanel4);
                    mFrame.add(mJPanel5);
                    mFrame.add(mJPanel6);
                    mFrame.add(mJPanel7);
                    mFrame.add(mJPanel8);
                }
                public static void main(String[] args) {
                    // TODO Auto-generated method stub
                    TaxCal mTaxCal = new TaxCal();
                }
            }
```

图 6-5-8 构造方法和 main 方法（续）

6.6 单元小测

6.6.1 判断题

1. 容器（Container）是一个可以包含基本组件和其他容器的组件。　　　　　　（　　）

2. 可以通过实现 ActionListener 接口或者继承 ActionAdapter 类来实现动作事件。
　　　　　　　　　　　　　　　　　　　　　　　　　　　　　　　　　　（　　）

3. 非模态对话框是指用户需要等到处理完对话框后才能继续与其他窗口进行交互。

（　　　）

4. JFrame 的默认布局管理器是 FlowLayout。　　　　　　　　　　（　　　）

6.6.2　单选题

1. 定义 Frame f，设置窗体在屏幕中的位置为 800 和 400，正确的代码为（　　　）。

   A. f.setSize(800,400)　　　　　　　　B. f.setLocation(800,400)

   C. f.setSize(400,800)　　　　　　　　D. f.setLocation(400,800)

2. 下面哪一个是窗口正在关闭事件处理方法？（　　　）

   A. windowClosing　　　　　　　　　　B. windowClosed

   C. windowDeactivated　　　　　　　　D. windowDeiconified

3. MyKeyListener 类实现了 KeyListener 接口，TextField mTextField 产生的键盘事件如何才能被 MyKeyListener 对象听？（　　　）

   A. mTextField.addListener(new MyKeyListener())

   B. mTextField.addKeyListener(new MyKeyListener())

   C. mTextField.setKeyListener(new MyKeyListener())

   D. mTextField.setListener(new MyKeyListener())"

4. 下面哪一个不是 MouseListener 接口实现的方法？（　　　）

   A. mouseClicked(MouseEvent e)　　　　B. mouseReleased(MouseEvent e)

   C. mouseMove(MouseEvent e)　　　　　D. mouseEntered(MouseEvent e)

5. MyMouseListener 类实现了 MouseListener 接口，Button mButton 产生的鼠标事件如何才能被 MyMouseListener 对象监听？（　　　）

   A. mButton.setMouseListener(new MyMouseListener());

   B. mButton.setListener(new MyMouseListener());

   C. mButton.addListener(new MyMouseListener());

   D. mButton.addMouseListener(new MyMouseListener());

6. BorderLayout 布局是什么布局？（　　　）

   A. 边界布局　　　　　　　　　　　　B. 网络布局

   C. 流式布局　　　　　　　　　　　　D. 卡片布局

7. CardLayout 布局是什么布局？（　　　）

   A. 边界布局　　　　　　　　　　　　B. 网络布局

   C. 流式布局　　　　　　　　　　　　D. 卡片布局

8. Graphics 类 drawOval 方法的作用是（　　　）。

   A. 绘制矩形的边框

   B. 绘制椭圆形的边框

   C. 使用当前的颜色填充绘制完成的矩形

   D. 使用当前的颜色填充绘制完成的椭圆

9. Graphics 类 fillRect 方法的作用是（　　　）。

    A. 绘制矩形的边框　　　　　　　　　B. 绘制椭圆形的边框

    C. 使用当前的颜色填充绘制完成的矩形　　　D. 使用当前的颜色填充绘制完成的椭圆

10. 使用下面哪个组件可以接收用户的输入信息？（　　　）

    A. Button　　　　　　　　　　　　　B. JLabel

    C. JTextField　　　　　　　　　　　D. 以上都可以

11. 移动鼠标会产生什么事件？（　　　）

    A. KeyEvent　　　　　　　　　　　　B. MouseEvent

    C. ItemEvent　　　　　　　　　　　D. ActionEvent

12. 定义 JFrame f，下面哪一个是窗口显示的方法？（　　　）

    A. f.setVisible(true)　　　　　　　　B. f.setAble(true)

    C. f.setVisible(false)　　　　　　　D. f.setAble(false)

13. JFrame 中 ActionListener 接口必须实现哪一个方法？（　　　）

    A. actionPerformed(ActionEvent e)　　　B. mouseClicked(MouseEvent e)

    C. keyReleased(keyEvent e)　　　　　D. mouseEntered(MouseEvent e)

14. JPanel mjPanel2=new JPanel();JButton mButton4=new JButton(""Btn4"");下面哪个代码可以将 mButton4 添加到 mjPanel2 里面？（　　　）

    A. mjPanel1.addBtn(mButton1);　　　　B. mjPanel1.add(mButton1);

    C. mjPanel1.addButton(mButton1);　　　D. mjPanel1.addComponent(mButton1);

15. 下面四个组件中哪一个是与菜单相关的组件？（　　　）

    A. JButton　　　　　　　　　　　　B. JFrame

    C. JPanel　　　　　　　　　　　　　D. JMenuBar

16. 下面组件中，哪一个是菜单项？（　　　）

    A. JMenu　　　　　　　　　　　　　B. JMenuItem

    C. JPanel　　　　　　　　　　　　　D. MenuBar

17. 创建菜单栏和菜单，JMenuBar mJMenuBar = new JMenuBar();JMenu jMenu2 = new JMenu("Window"); 如何将菜单 jMenu2 添加到菜单栏 JMenuBar 中？（　　　）

    A. mJMenuBar.addBar(jMenu2)

    B. mJMenuBar.addMenu(jMenu2)

    C. mJMenuBar.addComponent(jMenu2)

    D. mJMenuBar.add(jMenu2)

18. 创建菜单和菜单项，JMenu jMenu1 = new JMenu("Window"); JMenuItem mJMenuItem2 = new JMenuItem("关闭");如何将菜单项添加到菜单 jMenu 中？（　　　）

    A. jMenu1.addComponet(mJMenuItem2)

    B. jMenu1.addMenu(mJMenuItem2)

    C. jMenu1.add(mJMenuItem2)

    D. jMenu1.addMenuItem(mJMenuItem2)

19. JMenuItem mJMenuItem2 = new JMenuItem("关闭");如何为菜单项添加事件监听器？
（　　）

    A. mJMenuItem2.addListener(new ActionListener())

    B. mJMenuItem2.addActionListener(new ActionListener())

    C. mJMenuItem2.addAction(new ActionListener())

    D. mJMenuItem2.addItemListener(new ActionListener())

20. JMenuItem mJMenuItem1 = new JMenuItem("最小化");如何为菜单项添加事件监听器？
（　　）

    A. mJMenuItem1.addListener(new ActionListener())

    B. mJMenuItem1.addActionListener(new ActionListener())

    C. mJMenuItem1.addAction(new ActionListener())

    D. mJMenuItem1.addItemListener(new ActionListener())

6.6.3　编程题

1. 在 6.5.1 实训作业中已学会完成一个简易计算器的布局。请根据下面的 UI 设计完成计算器的布局，并实现计算器的+、-、*、/、=等功能，比如计算器输入 6*9，计算结果为 54；输入 128/32=4；计算器的布局及功能如图 6-6-1 所示。

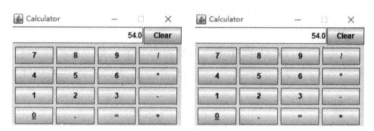

图 6-6-1　计算器的布局及功能

2. 用户在指定的区域输入上次加油里程和本次加油里程、上次加油金额及上次加油汽油价格后单击"计算油耗"按钮，根据下面的公式：每百公里油耗=（上次加油金额/上次加油汽油价格）/(本次加油里程-上次加油里程)/100，计算出每百公里油耗输出到文本框内。单击"重置"按钮，所有文本框输入内容清零。程序完成后的功能如图 6-6-2 所示。

图 6-6-2　油耗计算器

第 7 章　数组与集合

7.1　数组

数组视频

7.1.1　数组定义

如果我们现在有一个需求，需要统计一个班级的成绩情况，例如，计算平均成绩、最低成绩、最高成绩等。

假设一个班有 50 名学生，首先需要声明 50 个变量来分别记住每名学生的成绩，这样做会显得很麻烦，代码显得很臃肿。在 Java 中可以使用一个数组来记住这 50 名学生的工资。

数组是指一组数据的集合，数组中的每个数据被称作元素，在数组中可以存放任意类型的元素，但同一个数组里存放的元素类型必须一致。数组可分为一维数组和多维数组，本节将围绕数组进行详细的讲解。

首先介绍数组的定义方式，可以使用以下格式来定义一个数组。

int[] iScore=new int[50];

这条语句相当于在内存中定义了 50 个 int 类型的变量，第一个变量的名称为 iScore [0]，第二个变量的名称为 iScore[1]，依此类推，第 50 个变量的名称为 iScore [49]，这些变量的初始值都是 0。

为了更好地理解数组的这种定义方式，可以将上面的一句代码分成两句来写，具体如下：

int[] iScore；

iScore=new int[50];

如图 7-1-1 所示，我们通过数组定义实例来介绍数组在创建过程中内存的分配情况。

第 4 行代码 "int[] iScore；" 声明了一个变量 iScore，该变量的类型为 int[]，即一个 int 类型的数组；变量 iScore 会占用一个 int 类型的变量大小，也就是 4 个字节的内存单元，第 5 行代码 "iScore=new int [50]；" 创建了一个数组，并将数组的首地址 0x15db9742 赋值给变量 iScore；这个数组包含了 50 个 int 类型元素，初始值为 0；数组定义后的内存结构如图 7-1-2 所示。

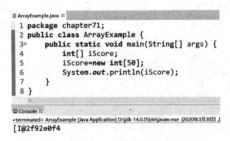

图 7-1-1　数组定义实例

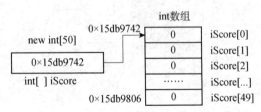

图 7-1-2　数组定义的内存结构

数组中的每个元素都有一个索引，要想访问数组中的元素可以通过 iScore [0]、iScore[1]、…、iScore [49] 的形式来实现；iScore [0]实际上就是数组的首地址 0x15db9742；iScore [49]就是数组的最后一个元素地址 0x15db9806；数组中最小的索引是 0，最大的索引是"数组的长度-1"。

如图 7-1-3 所示是数组的访问实例：声明了一个变量 iScore，并创建了数组对象，在第 6 行代码中通过 length 属性访问数组中元素的个数；在第 7~10 行代码中通过角标来访问数组中的元素，从打印结果可以看出，数组中的元素初始值都为 0；数组被成功创建后，数组中元素会被自动赋予一个默认值，int 类型的默认初始化的值为 0。

如图 7-1-4 所示是数组的静态初始化实例。Java 中可以使用 int[] iScore={65，75，85，95}的方式对数组中的元素进行初始化。

```java
1  package Chapter71;
2  public class ArrayExample {
3      public static void main(String[] args) {
4          int[] iScore;                    //声明对象
5          iScore=new int[50];              //创建数组对象
6          System.out.println("数组的长度为="+iScore.length);
7          System.out.println("iScore[0]="+iScore[0]);
8          System.out.println("iScore[1]="+iScore[1]);
9          System.out.println("iScore[2]="+iScore[2]);
10         System.out.println("iScore[49]="+iScore[49]);
11     }                                    //访问数组元素
12 }
```

```
Problems  Javadoc  Declaration  Console
<terminated> ArrayExample [Java Application] C:\Program Files\Java\jdk1.8.0_191\bin\javaw.exe (2019年9月24日 下午8:27:59)
数组的长度为=50      数组的长度
iScore[0]=0
iScore[1]=0
iScore[2]=0
iScore[49]=0
```

图 7-1-3　数组访问实例

```java
2  public class ArrayInitExample {
3      public static void main(String[] args) {
4          int[] iScore={65,75,85,95};      //数组初始化
5          System.out.println("数组的长度为="+iScore.length);
6          System.out.println("iScore[0]="+iScore[0]);
7          System.out.println("iScore[1]="+iScore[1]);
8          System.out.println("iScore[2]="+iScore[2]);
9          System.out.println("iScore[3]="+iScore[3]);
10     }
11 }
```

```
Problems  Javadoc  Declaration  Console
<terminated> ArrayInitExample [Java Application] C:\Program Files\Java\jdk1.8.0_191\bin\javaw.exe (2019年9月24日 下午8:37:06)
数组的长度为=4
iScore[0]=65
iScore[1]=75
iScore[2]=85
iScore[3]=95
```

图 7-1-4　数组静态初始化实例

如图 7-1-5 所示是数组动态初始化实例。Java 中可以使用 int[] a=new int[4]的方式，创建一个具有 4 个元素的数组；此时数组中的元素默认为 0；第 5 行到第 8 行代码通过赋值语句将数组中的元素 a[0]到 a[4]的值分别赋值为 65、75、85、95。

```
ArrayInitExample.java ⋈
 1 package chapter71;
 2 public class ArrayInitExample {
 3⊖    public static void main(String[] args) {
 4         int[] a=new int[4];
 5         a[0]=65;
 6         a[1]=75;
 7         a[2]=85;
 8         a[3]=95;
 9         System.out.println("数组的长度="+a.length);
10         System.out.println("a[0]="+a[0]);
11         System.out.println("a[1]="+a[1]);
12         System.out.println("a[2]="+a[2]);
13         System.out.println("a[3]="+a[3]);
14     }
15 }
```

```
Console
<terminated> ArrayInitExample [Java Application] D:\jdk-14.0.0\bin\javaw.exe (2020年3月30日 上午11:45
数组的长度=4
a[0]=65
a[1]=75
a[2]=85
a[3]=95
```

图 7-1-5　数组动态初始化实例

7.1.2　数组操作

数组在编写程序时应用非常广泛，灵活地使用数组对实际开发很重要。接下来，将针对数组的常见操作进行详细讲解，主要介绍数组的遍历、获取最值、数组排序。

在操作数组时，经常需要依次访问数组中的每个元素，这种操作称作数组的遍历。接下来通过一个实例来学习如何使用 for 循环来遍历数组，如图 7-1-6 所示。

第 5 行到第 9 行代码创建一个具有 4 个元素的数组；通过赋值语句将数组中的元素 a[0] 到 a[4] 的值分别赋值为 65、75、85、95；第 10～12 行代码使用 for 循环完成了数组的遍历；for 循环中定义的变量 i 的值在循环过程中为 0 到 3；因此可以作为索引，依次去访问数组中的元素，并将元素的值打印出来。

在操作数组时，经常需要获取数组中元素的最值，接下来通过一个案例来演示如何获取数组中元素的最小值，如图 7-1-7 所示。

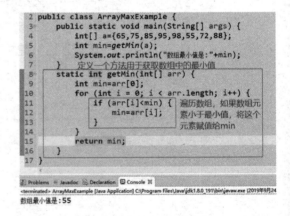

图 7-1-6　数组遍历实例　　　　　　图 7-1-7　数组最小值实例

在第 8 行代码中定义了 getMin() 方法用于求数组中的最小值，该方法中定义了一个临时变量 min，用于记住数组的最小值。首先假设数组中第一个元素 arr[0] 为最小值，然后使用

for 循环对数组进行遍历，在遍历的过程中只要遇到比 min 值还小的元素，就将该元素赋值给 min，变量 min 就能够在循环结束时记住数组中的最小值。

那么如何获取数组中元素的最大值呢？如图 7-1-8 所示是获取数组中元素的最大值的实例。获取数组中元素的最大值与获取数组的最小值的区别只有一处，在遍历数组的过程中，与最大值做判断的时候，只要数组元素比最大值大，就将此数组元素赋值给最大值；遍历结束的时候，max 就能记住数组中的最大值。

```
 2  public class ArrayMaxExample {
 3      public static void main(String[] args) {
 4          int[] a={65,75,85,95,98,55,72,88};
 5          int max=getMax(a);
 6          System.out.println("数组最大值是："+max);
 7      }
 8      static int getMax(int[] arr) {
 9          int max=arr[0];
10          for (int i = 0; i < arr.length; i++) {
11              if (arr[i]>max) {           与获取最小值使用>的
12                  max=arr[i];              区别是获取最大值使用
13              }                            <
14          }
15          return max;
16      }
17  }
```

Problems Javadoc Declaration Console
<terminated> ArrayMaxExample [Java Application] C:\Program Files\Java\jdk1.8.0_191\bin\javaw.exe (2019
数组最大值是：98

图 7-1-8　数组最大值实例

在操作数组时，经常需要对数组中的元素进行排序。下面我们介绍比较常见的一种排序算法：冒泡排序。它将数组从大到小进行排列，在排列的过程中，不断比较数组中相邻的两个数，较大者向上浮，较小者往下沉，整个过程和水中气泡上升的原理相似。如图 7-1-9 所示是冒泡排序的整个过程。

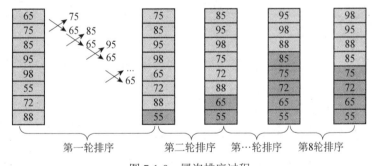

图 7-1-9　冒泡排序过程

第一轮：从第一个元素开始，将相邻的两个元素依次进行比较，直到最后两个元素完成比较。如果前一个元素比后一个元素小，则交换它们的位置。整个过程完成后，数组中最后一个元素自然就是最小值，这样也就完成了第一轮比较。

第二轮：除了最后一个元素，将剩余的元素继续进行两两比较，过程与第一步相似，这样就可以将数组中第二小的数放在倒数第二个位置。

以此类推，持续对数组元素重复上面的步骤，直到最后一轮，所有的元素都放到了对应的位置。

如图 7-1-10 所示，首先实现依次输出数组元素的方法 printArray(int[] array)；遍历数组后依次打印数组中的元素。

```
public static void printArray(int[] array) {
    for (int i = 0; i < array.length; i++) {
        System.out.print(array[i] + " ");
    }
    System.out.println();
}
```

图 7-1-10   依次输出数组元素

如图 7-1-11 所示是一个数组冒泡排序的方法实例。设计 sortArray()方法，通过一个嵌套 for 循环实现了冒泡排序。

```
public static void sortArray(int[] array) {
    // 使用 i 控制冒泡的轮次数
    for (int i = 0; i < array.length-1; i++) {
        // 第 i 轮，数组排序的元素的个数为 array.length-1-i
        for (int j = 0; j < array.length - 1 - i; j++) {
            //前后元素比较，如果前面的小于后面的，交换两个元素
            if (array[j] < array[j + 1]) {
                int tmp = array[j + 1];
                array[j + 1] = array[j];
                array[j] = tmp;
            }
        }
        System.out.print("第" + (i + 1) + "轮排序:");
        printArray(array);
    }
}
```

图 7-1-11   数组冒泡排序的方法实例

其中，外层循环用来控制进行冒泡的轮次，每一轮比较都可以确定一个元素的位置；由于最后一个元素不需要进行比较，因此外层循环的次数为 array.length-1。内层循环的循环变量用于控制每轮比较的次数，它被作为角标去比较数组的元素；由于变量在循环过程中是自增的，这样就可以实现相邻元素依次进行比较，在每次比较时如果前者小于后者，就交换两个元素的位置。

如图 7-1-12 所示是数组冒泡排序的过程中数组元素的交换流程。首先创建一个变量 tmp 用于记住数组元素 array[j +1]的值，然后将 array[j +1]的值赋给 array[j]，最后再将 tmp 的值赋给 array[j +1]，这样便完成了两个元素的交换。图中完成了 65 和 75 这两个元素的位置交换。

如图 7-1-13 所示是一个数组冒泡排序的运行实例。调用 sortArray()方法对数组进行从大到小的排序；因此外层循环的次数为 7，循环 7 次可以将数组完成排序。

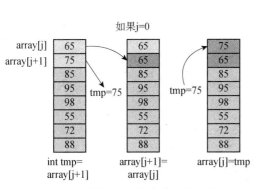

图 7-1-12　数组冒泡排序中元素交换　　　　图 7-1-13　数组冒泡排序的运行实例

第一轮排序完成后数组中最后一个元素自然就是最小值；第二轮排序完成后就可以将数组中第二小的数放在倒数第二个位置；依此类推，持续对数组元素重复上面的步骤，直到最后一轮，所有的元素都放到了对应的位置。

刚才我们实现了数组中的元素从大到小进行排序，那么思考一下如何实现数组中的元素从小到大进行排序呢？如图 7-1-14 所示是数组中的元素从小到大进行排序的运行实例，修改冒泡排序的算法就可以完成。

图 7-1-14　数组从小到大排序

7.1.3　多维数组

在程序中我们可以通过一个数组来保存某个班级学生的考试成绩，那么如果要统计一个学校各个班级学生的考试成绩，该如何实现呢？

这就需要用到多维数组，多维数组可以简单地理解为在数组中嵌套数组。在程序中比较常见的就是二维数组，接下来针对二维数组进行详细的讲解。

如图 7-1-15 所示是多维数组的定义结构图。

二维数组可以使用 int[][] a=new int[3][5]的形式进行定义，相当于定义了一个 3×5 的二维数组，即二维数组的长度为 3，每个二维数组中的元素又是一个长度为 5 的数组。

如图 7-1-16 所示是另外的一种多维数组的定义结构图。

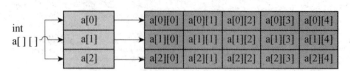

图 7-1-15　多维数组定义 1

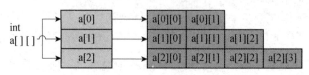

图 7-1-16　多维数组定义 2

二维数组可以使用 int[][] a=new int[3][]的形式进行定义，这种方式与第一种类似，只是数组中每个元素的长度不确定。

下面我们再介绍一种多维数组的定义结构图，如图 7-1-17 所示。

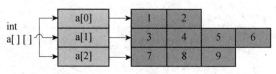

图 7-1-17　多维数组定义 3

二维数组可以使用 int[][] a= {{1，2}，{3，4，5}，{6，7，8，9}}的形式进行定义，这种方式与第二种类似；数组中每个元素的长度不确定，定义的过程中完成了对二维数组的初始化。下面我们通过一个实例来介绍多维数组的访问运行实例，如图 7-1-18 所示。

```java
package chapter71;
public class MultiArrayExmaple {
    public static void main(String[] args) {
        int[][] iScore= new int[3][];
        iScore[0]=new int[]{65,75,85};
        iScore[1]=new int[] {68,72,84,95,61};
        iScore[2]=new int[] {69,78,84,65};
        int sum=0;
        int iNum=0;
        for (int i = 0; i < iScore.length; i++) {
            int groupSum=0;
            int iGroupNum=0;
            for (int j = 0; j < iScore[i].length; j++) {
                groupSum+=iScore[i][j];
                iNum++;
            }
            System.out.println("第"+(i+1)+"组的平均分："+groupSum/iScore[i].length);
            sum+=groupSum;
        }
        System.out.println("所有成员的平均分："+sum/iNum);
    }
}
```

```
<terminated> MultiArrayExmaple [Java Application] D:\jdk-14.0.0\bin\javaw.exe (2020年3月30日 上午11:09:24 - 上午11:09:24)
第1组的平均分：75
第2组的平均分：76
第3组的平均分：74
所有成员的平均分：75
```

图 7-1-18　多维数组访问运行实例

第 4 行代码定义了一个长度为 3 的二维数组，并在第 5 到 7 行代码中为数组的每个元素赋值。第 8~9 行代码中还定义了两个变量 sum 和 iNum，其中 sum 用来记录学生的总成绩，iNum 用来记录学生人数。

当通过嵌套 for 循环统计总成绩时，外层循环对三个学习小组进行遍历，内层循环对每个小组学生的成绩进行遍历，内层循环定义了一个局部变量 groupSum，用来记录每一组的总成绩；每循环一次就相当于将一个小组学生的总成绩统计完毕，赋值给 groupSum，然后把 groupSum 的值与 sum 的值相加赋值给 sum。

当外层循环结束时，三个学习小组的总成绩都累加到 sum 中，再除以总人数 iNum，就统计出了整个班级的平均成绩。

总结：本节首先介绍数组的定义和访问方式，通过实例介绍数组的遍历、最值和冒泡排序等常用的方式；最后通过实例介绍多维数组的定义和使用方法。

7.1.4 单元实训

1. 实训任务

从键盘中输入 16 个整数，组成一个 4×4 的矩阵，找出 4×4 的矩阵中的最大值，并输出其所在的行列值。参考的代码如图 7-1-19 所示。

从键盘输入 16 个数值后组成了一个 4×4 的矩阵，最后找出矩阵中的最大值，并输出最大值所在的行和列数，运行的效果如图 7-1-20 所示。

```java
package Chapter71;

import java.util.Scanner;

public class Task1 {

    public static void main(String[] args) {
        // TODO Auto-generated method stub
        Scanner scan = new Scanner(System.in);
        int[][] a = new int[4][4];
        for (int i = 0; i < 4; i++) {
            for (int j = 0; j < 4; j++)
                a[i][j] = scan.nextInt();
        }
        //write code here
    }
}
```

图 7-1-19 矩阵参考代码

```
Console ⊠
<terminated> Task1 [Java Applicatio
12 23 43 4
35 46 93 98
91 24 25 26
91 81 39 82
max=98
x=1 y=3
```

图 7-1-20 Task1 类运行效果

2. 编程过程

在 Eclipse 中创建包 Chapter71，在包 Chapter71 下创建类 Task1；在 Task1 中使用二重循

环和冒泡排序的方法找出二维数组的最大值。矩阵代码如图 7-1-21 所示。

```java
package Chapter71;
import java.util.Scanner;
public class Task1 {
    public static void main(String[] args) {
        // TODO Auto-generated method stub
        Scanner scan = new Scanner(System.in);
        int[][] a = new int[4][4];
        for (int i = 0; i < 4; i++) {
            for (int j = 0; j < 4; j++)
                a[i][j] = scan.nextInt();
        }
        //write code here
        for (int i = 0; i < 4; i++) {
            for (int j = 0; j < 4; j++) {
                System.out.print(a[i][j] + " ");
            }
            System.out.println();
        }
        int max = a[0][0];
        int x, y;
        x = y = 0;
        for (int i = 0; i < 4; i++) {
            for (int j = 0; j < 4; j++) {
                if (a[i][j] > max) {
                    max = a[i][j];
                    x = i;
                    y = j;
                }
            }
        }
        System.out.println("max=" + max);
        System.out.println("x=" + x + " y=" + y);
    }
}
```

图 7-1-21　矩阵代码

7.2　集合与 List 接口

7.2.1　集合概述

集合与 List 接口
视频

集合类是 Java 的一个重要知识点。Java 中的集合类就像一个容器，专门用来存储 Java 类的对象。在前面介绍数组的时候，可以通过数组来保存多个对象，数组的长度是固定的，但在某些情况下需要保存多少个对象无法确定，此时数组将不再适用，因为数组的长度不可变。

例如，要保存一个公司的员工信息，由于不停有新员工，同时也有老员工离职，这时员工的数目很难确定。为了保存这些数目不确定的对象，JDK 中提供了一系列特殊的类；这些类可以存储任意类型的对象，并且长度可变，统称为集合，这些类都位于 java.util 包中。

本节主要介绍集合的分类和各种集合的使用方法。集合按照其存储结构可以分为两大类，即单列集合 Collection 和双列集合 Map，这两种集合的继承体系如图 7-2-1 所示。

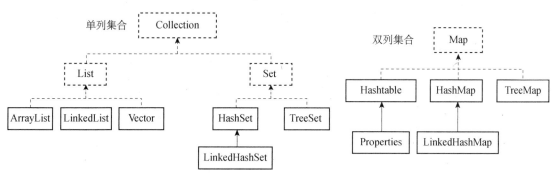

图 7-2-1　Collection 和 Map 继承体系

（1）Collection：单列集合类的父接口，用于存储一系列的元素，它有两个重要的子接口，分别是 List 和 Set；其中，List 的特点是元素有序、元素可重复，Set 的特点是元素无序并且不可重复；List 接口的主要实现类有 ArrayList 和 LinkedList，Set 接口的主要实现类有 HashSet 和 TreeSet。

（2）Map：双列集合类的父接口，用于存储具有键(Key)、值(Value)映射关系的元素；每个元素都包含一对键值，在使用 Map 集合时可以通过指定的 Key 找到对应的 Value，例如，根据一个学生的学号就可以找到对应的学生。Map 接口的主要实现类有 HashMap 和 TreeMap。

7.2.2　Collection 接口

Collection 是所有单列集合的父接口，因此在 Collection 中定义了单列集合（List 和 Set）通用的一些方法，这些方法可用于操作所有的单列集合。Collection 接口方法如图 7-2-2 所示。

方法声明	功能描述
boolean add(Object o)	向集合中添加一个元素
boolean addAll(Collection c)	将指定集合中的所有元素添加到该集合
void clear()	删除该集合中的所有元素
boolean remove(Object o)	删除该集合中指定的元素
boolean removeAll(Collection c)	删除指定集合中的所有元素
boolean isEmpty(Collection c)	判断集合是否为空
boolean contains(Object o)	判断该集合中是否包含某个元素
boolean containsAll(Collection c)	判断集合中是否包含指定集合中的所有元素
int size()	获取集合中元素个数

图 7-2-2　Collection 接口方法

7.2.3　List 接口

1. List 接口方法

List 接口继承自 Collection 接口，是单列集合的一个重要分支，实现了 List 接口的对象称为 List 集合。在 List 集合中允许出现重复的元素，所有的元素以线性方式进行存储，可以通过索引来访问集合中的指定元素。

另外，List 集合还有一个特点就是元素有序，即元素的存入顺序和取出顺序一致；List 作为 Collection 集合的子接口，不但继承了 Collection 接口中的全部方法，而且还增加了一些根据元素索引来操作集合的特有方法。如图 7-2-3 所示是 List 集合常用方法表。

方法声明	功能描述
void add(int index，Object element)	将元素 element 插入在 List 集合的 index 处
boolean addAll(int index，Collection c)	将集合 c 所包含的所有元素插入到 List 集合的 index 处
Object get(int index)	返回集合索引 index 处的元素
Object remove(int index)	删除 index 索引处的元素
Object set(int index，Object element)	将索引 index 处的元素替换成 element 对象并返回
int indexOf(Object o)	返回对象 o 在 List 集合中出现的位置索引
int lastIndexOf(Object o)	返回对象 o 在 List 集合中最后一次出现的位置索引

图 7-2-3　List 接口方法

2. Arraylist 实现类

Arraylist 是 List 接口的一个实现类，它是程序中最常见的一种集合，在 Arraylist 内部封装了一个长度可变的数组对象，当存入的元素超过数组长度时，ArrayList 会在内存中分配一个更大的数组来存储这些元素，因此可以将 Arraylist 集合看作一个长度可变的数组。

Arraylist 集合中大部分方法都是从父类 Collection 和 List 继承过来的，其中 add()方法和 get()方法用于实现元素的存取。

接下来通过一个实例来学习 ArrayList 集合如何存取元素，如图 7-2-4 所示。

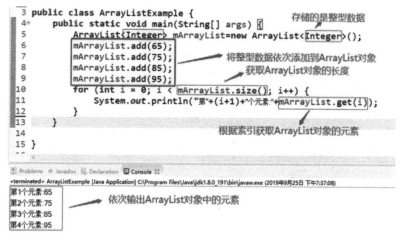

图 7-2-4　ArrayList 集合实例

首先在第 5 行代码中新建一个 ArrayList 对象 mArrayList，其中<Integer>代表 mArrayList 用于存储整型的数据；在第 6 行到 9 行代码中调用 add()方法向 mArrayList 集合添加 4 个元素，调用 mArrayList.size()方法获取 mArrayList 集合中元素的个数；调用 mArrayList.get(i)方法依次获取 mArrayList 集合中指定位置的元素。

从运行结果可以看出，索引位置为 0 的元素是集合中的第 1 个元素，这就说明集合和数组一样，索引的取值范围是从 0 开始的，最后一个索引是集合的长度减 1。

3. LinkedList 实现类

由于 ArrayList 集合的原理是使用一个数组来保存元素，通过索引的方式来访问元素，因此使用 ArrayList 集合来查找元素很便捷。但是在增加或删除指定位置的元素时，会导致创建新的数组，效率比较低，因此不适合做大量的增删操作。

为了克服这种局限性，可以使用 List 接口的另一个实现类 LinkedList，LinkedList 也是 List 接口的实现类，与 ArrayList 不同之处是采用的存储结构不同，ArrayList 的数据结构为线性表，而 LinkedList 数据结构为双向循环链表。

如图 7-2-5 所示是 LinkedList 的存储结构。

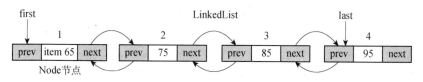

图 7-2-5　LinkedList 存储结构

LinkedList 类每个节点用内部类 Node 表示，LinkedList 通过 first 和 last 引用分别指向链表的第一个和最后一个元素，当链表为空时，first 和 last 都为 NULL 值。

假设我们使用 LinkedList 对象存储了四个整型数据；每个节点通过 prev 记住它的前一个元素，通过 next 记住它的后一个元素。如图 7-2-6 所示是 LinkedList 集合删除元素的流程图。要删除一个节点元素 3，我们只需要将元素 2 的 next 变量指向元素 4，将元素 4 的

prev 变量指向元素 2，将元素 3 的 next 和 prev 变量指向空。LinkedList 集合对于元素的删除操作具有很高的效率。

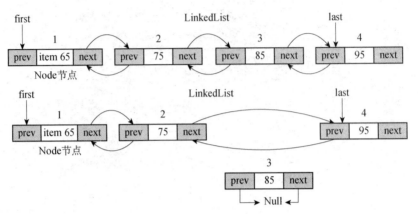

图 7-2-6　LinkedList 删除元素

如图 7-2-7 所示是 LinkedList 集合增加元素的流程图；要在元素 2 和元素 3 中间增加一个节点元素 5，首先申请 Node 节点内存；只需要将元素 2 的 next 变量从指向 3 修改为指向元素 5，将元素 3 的 prev 变量从指向 2 修改为指向元素 5；将元素 5 的 next 指向元素 3；将元素 5 的 prev 指向元素 2。

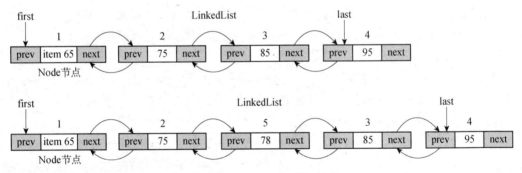

图 7-2-7　LinkedList 增加元素

从 LinkedList 集合的增加和删除元素的流程可以看出，链表数据结构的特点是每个元素分配的空间不必连续、插入和删除元素时速度非常快；因此 LinkedList 集合对于频繁的添加和删除元素具有很高的效率。

接下来通过一个实例来学习 LinkedList 集合的使用方式，如图 7-2-8 所示。

首先在第 6 行代码中新建一个 LinkedList 对象 mLinkedList，其中 <Integer> 代表 mLinkedList 用于存储整型的数据；在第 7 行到 10 行代码中调用 add() 方法向 mLinkedList 集合添加 4 个元素，调用 mArrayList.toString() 方法输出 mLinkedList 集合中的元素。

第 12 行代码调用 mLinkedList.add(2,78) 方法向 mLinkedList 集合的指定位置增加元素 78，从输出结果可以看到 78 这个值插入到 mLinkedList 集合第 2 个索引位置；第 14 行代码调用 mLinkedList.remove(3) 删除了 mLinkedList 集合的指定索引位置 3 的元素，从运行结果可以看出，索引位置为 3 的元素 85 被删除了。

```java
 3  public class LinkedListExample {
 4      public static void main(String[] args) {
 5          // TODO Auto-generated method stub    创建LinkedList对象
 6          LinkedList<Integer> mLinkedList=new LinkedList<Integer>();
 7          mLinkedList.add(65);
 8          mLinkedList.add(75);                  依次向LinkedList对象增加元素
 9          mLinkedList.add(85);
10          mLinkedList.add(95);
11          System.out.println(mLinkedList.toString());   输出所有元素
12          mLinkedList.add(2,78);                向指定位置增加元素
13          System.out.println(mLinkedList.toString());
14          mLinkedList.remove(3);                删除指定位置元素
15          System.out.println(mLinkedList.toString());
16      }
17  }
```

```
🔲 Problems  @ Javadoc  🔍 Declaration  ▭ Console ☒
<terminated> LinkedListExample [Java Application] C:\Program Files\Java\jdk1.8.0_191\bin\javaw.exe (2019年9月25日 下午8:59:21)
[65, 75, 85, 95]
[65, 75, 78, 85, 95]    运行结果
[65, 75, 78, 95]
```

图 7-2-8　LinkedList 使用实例

7.2.4　Iterator 接口

在程序开发中，经常需要遍历集合中的所有元素。针对这种需求，Java 专门提供了一个 Iterator 接口，Iterator 接口也是 Java 集合框架中的一员，但它与 Collection、Map 接口有所不同，Collection 接口与 Map 接口主要用于存储元素，而 Iterator 接口主要用于迭代访问 Collection 中的元素，因此 Iterator 对象也被称为迭代器。

Iterator 迭代器对象在遍历集合时，内部采用指针的方式来遍历集合中的元素，如图 7-2-9 所示是迭代器的工作原理。

在调用 Iterator 的 hasNext()方法之前，迭代器的索引位于第一个元素之前不指向任何元素。当第一次调用迭代器的 hasNext()方法后，迭代器的索引会向后移动一位指向第 1 个元素并将该元素返回，当再次调用 hasNext()方法时，迭代器的索引会指向第 2 个元素并将该元素返回，依此类推，直到 hasNext())方法返回 false，表示到达了集合的末尾，终止对集合的遍历。

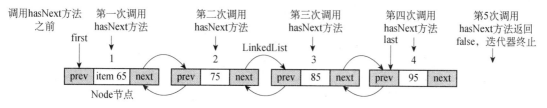

图 7-2-9　Iterator 迭代器工作原理

如图 7-2-10 所示是 Iterator 遍历集合的实例，当遍历元素时，首先通过调用 mLinkedList 集合的 iterator 方法获得迭代器对象，然后使用 hasNext()方法判断集合中是否存在下一个元素，如果存在，则调用 next()方法将元素取出，如果 hasNext()方法返回 false，说明已到达了集合的最后一个元素，停止遍历元素。

```
4 public class IteratorExample {
5     public static void main(String[] args) {
6         LinkedList<Integer> mLinkedList=new LinkedList<Integer>();
7         mLinkedList.add(65);
8         mLinkedList.add(75);
9         mLinkedList.add(85);
10        mLinkedList.add(95);                      获取集合的迭代器对象
11        Iterator<Integer> mIterator=mLinkedList.iterator();
12        while (mIterator.hasNext()) {
13            Integer integer = (Integer) mIterator.next();
14            System.out.println(integer);
15        }                                       遍历集合 获取集合元素
16    }
17 }
```

```
Problems  Javadoc  Declaration  Console
<terminated> IteratorExample [Java Application] C:\Program Files\Java\jdk1.8.0_191\bin\javaw.exe (2019年9月25日 下午9:43:10)
65
75          依次输出集合元素
85
95
```

图 7-2-10　Iterator 遍历集合实例

虽然 Iterator 接口可以用来遍历集合中的元素，但写法上比较烦琐，为了简化书写，Java 提供了 foreach 循环。

foreach 循环是一种更加简洁的 for 循环，用于遍历数组或集合中的元素。如图 7-2-11 所示是 foreach 的运行实例。

```
3 public class ForEachExample {
4     public static void main(String[] args) {
5         LinkedList<Integer> mLinkedList=new LinkedList<Integer>();
6         mLinkedList.add(65);
7         mLinkedList.add(75);
8         mLinkedList.add(85);
9         mLinkedList.add(95);                   foreach遍历集合中的元素
10        for (Integer integer : mLinkedList) {
11            System.out.println(integer);
12        }
13    }
14 }
```

```
Problems  Javadoc  Declaration  Console
<terminated> ForEachExample [Java Application] C:\Program Files\Java\jdk1.8.0_191\bin\javaw.exe (2019年9月25日 下午9:53:55)
65
75
85
95
```

图 7-2-11　foreach 运行实例

foreach 循环在遍历集合时语法非常简洁，没有循环条件和迭代语句。foreach 循环的次数是由集合中元素的个数决定的，每次循环时，foreach 中都通过变量将当前循环的元素记住，从而将集合中的元素分别打印出来。

总结：本节首先介绍单列集合和双列集合的区别与继承体系；接着介绍了 Collection 接口的常用方法；最后通过实例介绍了 ArrayList 类与 LinkedList 类的使用方法；本节的重点在于 ArrayList 类与 LinkedList 类的使用。

7.2.5　单元实训

1. 实训任务

约瑟夫环问题：由 m 个人围成一个首尾相连的圈报数。从第一个人开始，从 1 开始报数，报到 n 的人出圈，剩下的人继续从 1 开始报数，直到所有的人都出圈为止。对于给定 n，求出所有人的出圈顺序。输出要求：每两个数字中间空一格，最后一个数字后面还有一个空格。参考的代码如图 7-2-12 所示。

```
package chapter72;
import java.util.Scanner;
public class Task1 {
    public static void main(String[] args) {
        // TODO Auto-generated method stub
        Scanner sca=new Scanner(System.in);
        int m = sca.nextInt();
        int n = sca.nextInt();
        //创建有 m 个值的数组
        int[] a=new int[m];
        int len=m;//len 控制剩余的人数
        for(int i=0;i<a.length;i++) {
            a[i]=i+1;//输出出圈的序号
        }
        // write code here
    }
}
```

图 7-2-12　约瑟夫环参考代码

从键盘输入数值分别为 10 个人，报数到 4 的人出圈。运行的效果如图 7-2-13 所示。

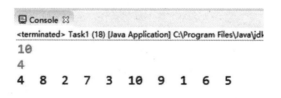

图 7-2-13　约瑟夫环运行效果

2. 编程过程

在 Eclipse 中创建包 chapter72，在包 chapter72 下创建类 Task1；在 Task1 中使用循环的方法排出每个人的出圈顺序。参考代码如图 7-2-14 所示。

```
package chapter72;
import java.util.Scanner;
public class Task1 {
    public static void main(String[] args) {
        // TODO Auto-generated method stub
        Scanner sca=new Scanner(System.in);
        int m = sca.nextInt();
        int n = sca.nextInt();
        //创建有 m 个值的数组
        int[] a=new int[m];
        int len=m;//len 控制剩余的人数
        for(int i=0;i<a.length;i++) {
            a[i]=i+1;//输出出圈的序号
        }
        // write code here
        int i=0;//轮询数组的标号从 i%m 的值:从 0 到 m-1;
        int j=1;//报数的序号，从 1 到 n
        //轮询数组，如果 len 等于 0，说明所有人都已出圈
        while(len>0){
            //这个位置的数组元素大于 0 说明这个位置没有出圈
            if(a[i%m]>0){
                //报数的序号如果已到 n，这个人出圈
                if(j%n==0){
                    //找到输出要出圈的人，
                    System.out.print(a[i%m]+"   ");
                    a[i%m]=-1;//人如果出圈这个位置的数组元素为-1
                    j=1;//报数的序号重新开始 1
                    i++;//轮询数组的标号加 1
                    len--;//圈中人数减 1
                }else{
                    //这个位置不满足条件，继续报数
                    i++;//轮询数组的标号加 1
                    j++;//轮询数组的标号加 1
                }
            }else{
                //遇到空位了就跳到下一位，但 j 不加 1，这个位置没有报数
                i++;
            }
        }
    }
}
```

图 7-2-14   约瑟夫环代码

7.3 Set 与 Map 接口

Set 与 Map
接口视频

7.3.1 Set 接口

本节主要介绍 Set 接口和 Map 接口。首先我们介绍 Set 接口，Set 接口的继承体系如图 7-3-1 所示。

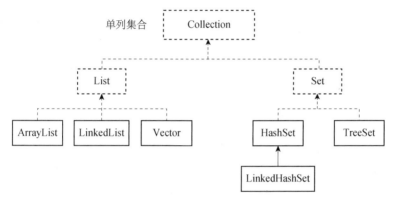

图 7-3-1 Set 接口的继承体系

Set 接口和 List 接口一样，同样继承自 Collection 接口，它与 Collection 接口中的方法基本一致，并没有对 Collection 接口进行功能上的扩充，只是比 Collection 接口更加严格。

与 List 接口不同的是，Set 接口中元素无序，并且都会以某种规则保证存入的元素不出现重复；Set 接口主要有两个实现类，分别是 HashSet 和 TreeSet。

HashSet 是根据对象的哈希值来确定元素在集合中的存储位置的，因此具有良好的存取和查找性能。TreeSet 则以二叉树的方式来存储元素，它可以实现对集合中的元素进行排序。

1. HashSet 接口类

HashSet 是 Set 接口的一个实现类，它所存储的元素是不可重复的，并且元素都是无序的。向 HashSet 集合中添加一个对象时，首先会调用该对象的 hashCode()方法来确定元素的存储位置，然后再调用对象的 equals()方法来确保该位置没有重复元素。

如图 7-3-2 所示是 HashSet 接口类的一个运行实例。

首先通过 add()方法向 HashSet 集合依次添加了四个字符串，然后通过 foreach 遍历所有的元素并输出打印。从打印结果可以看出重复存入的字符串对象"19 软件技术 3-1 班"被去除了，只添加了一次。

Hashset 集合之所以能确保不出现重复的元素，是因为它在存入元素时做了很多工作。Hashset 存储的流程如图 7-3-3 所示。

当调用 HashSet 集合的 add()方法存入元素时，首先调用当前存入对象的 hashCode 方法，比如业界通用的 MD5 算法，获得对象的哈希值 128 位，然后根据对象的哈希值计算出一个存储位置。

```
 5  public class HashSetExample {
 6⊖     public static void main(String[] args) {
 7          // TODO Auto-generated method stub
 8          HashSet<String> mHashSet=new HashSet<String>();
 9          mHashSet.add("19软件技术3-1班");
10          mHashSet.add("19软件技术3-2班");
11          mHashSet.add("19移动互联3-1班");
12          mHashSet.add("19移动互联3-2班");
13          mHashSet.add("19软件技术3-1班");    重复添加元素
14          for (String string : mHashSet) {
15              System.out.println(string);
16          }
17      }
18  }
```

🔲 Problems @ Javadoc 🔲 Declaration 🔲 Console ☒

<terminated> HashSetExample [Java Application] C:\Program Files\Java\jdk1.8.0_191\bin\javaw.exe (2019年9月25日 下午10:40

19软件技术3-1班
19软件技术3-2班   输出结果显示，重复元素不能添加
19移动互联3-1班
19移动互联3-2班

图 7-3-2　HashSet 运行实例

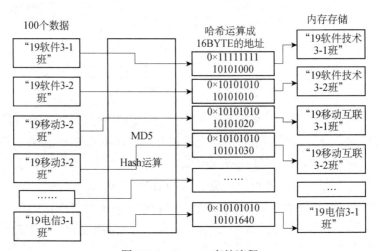

图 7-3-3　Hashset 存储流程

　　如果该位置上没有元素，则直接将元素存入；如果该位置上有元素存在，则会调用 equals()方法让当前存入的元素依次和该位置上的元素进行比较。如果返回的结果为 false，就将该元素存入集合；返回的结果为 true 则说明有重复元素，就将该元素舍弃。

　　Hash 存储的优势在什么地方呢？如果要在存储区查找"19 电信 3-1 班"这个元素是否存在，一般会怎么做呢？

　　对于数组来说，那是相当简单的，只要用一个 for 循环就可以了，但是最大可能要找 100 次。但是如果我们的数组有了上万个元素，查找的次数就很多了，速度就会很慢。

　　下面我们看一下 Hash 的查找方法，如图 7-3-4 所示。首先，我们将要找的元素"19 电信 3-1 班"通过 Hash 运算，查找到它所在的地址单元 0x1010101010101640。然后比较一下地址里面的内容与"19 电信 3-1 班"是否相同。也就是说我们只需要查找 1 次就可以了，这个就是 Hash 的优势。因此 Hash 广泛应用于大规模的存储和查询，其效率是非常高的。

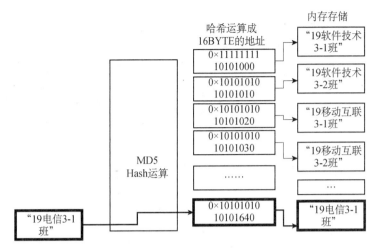

图 7-3-4　Hashset 查询流程

2. TreeSet 接口类

TreeSet 是 Set 接口的一个实现类，以二叉树的方式来存储元素。如图 7-3-5 所示是二叉树中元素的存储结构。内部采用自平衡的排序二叉树来存储元素，这样的结构可以保证TreeSet 集合中没有重复，并且可以对元素进行排序。所谓二叉树就是说每个节点最多有两个子序树，每个节点及其子节点组成的树称为子树，通常左侧的子节点称为"左子树"，右侧的子节点称为"右子树"。

TreeSet 集合内部使用的是自平衡的排序二叉树，它的特点是存储的元素会按照大小排序，并能去除重复元素。

如图 7-3-6 所示是 TreeSet 集合存储数据的流程图。如果向一个二叉树中存入 8 个元素，依次为 73、68、79、65、79、71、75、85，在向 TreeSet 集合依次存入元素时，首先将第 1 个存入的元素放在二叉树的顶端，之后存入的元素与第一个元素比较，如果小于第一个元素就将该元素放在左子树上，如果大于第 1 个元素，就将该元素放在右子树上，依此类推，按照左子树元素小于右子树元素的顺序进行排序。当二叉树中已经存入一个 79 的元素时，再向集合中存入一个为 79 的元素时，TreeSet 会把重复的元素去掉。

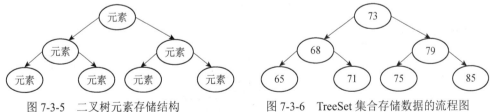

图 7-3-5　二叉树元素存储结构　　　　图 7-3-6　TreeSet 集合存储数据的流程图

如图 7-3-7 所示是自平衡排序二叉树实例。首先第 7 行代码定义了 TreeSet 对象存储整型的数据；第 8 到 11 行代码为 mTreeSet 对象增加数据；最后通过 foreach 遍历 mTreeSet 集合，按照从小到大的顺序将集合中的元素从小到大打印了出来。

这些元素之所以能够排序是因为每次向 TreeSet 集合中存入一个元素时，就会将该元素与其他元素进行比较，最后将它插入到有序的对象序列中。

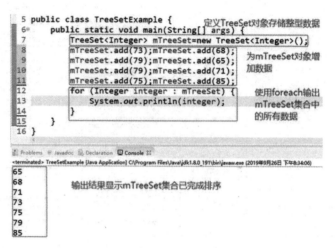

图 7-3-7　自平衡排序二叉树实例

集合中的元素在进行比较时，都会调用 CompareTo()方法，该方法是 Comparable 接口中定义的，因此如果要对集合中的元素进行排序，就必须实现 Comparable 接口。

Java 中大部分类都实现了 Comparable 接口，拥有了接口中的 CompareTo 方法，如 Integer、Double 和 String 等。

在 TreeSet 集合中存放自定义类型对象时，如果自定义类没有实现 Comparable 接口，自定义类型的对象将不能进行比较。这时，TreeSet 集合就不知道按照什么排序规则对自定义类对象进行排序，因此，为了在 TreeSet 集合中存放自定义类对象，必须自定义实现 Comparable 接口。

7.3.2　Map 接口

在学校的教务系统中，每个学生都有唯一的学号，通过学号可以查询到这个人的所有成绩信息，这两者具有一对一的关系。在应用程序中，如果想存储这种具有对应关系的数据，则需要使用 Map 接口。Map 接口是一种双列集合，它的每个元素都包含一个键对象 Key 和一个值对象 Value。键和值对象之间存在一种对应关系，称为映射。

从 Map 集合中访问元素时，只要指定了键值 Key，就能找到对应的值 Value。如图 7-3-8 所示是 Map 接口中定义的一些通用方法。

方法声明	功能描述
void put(Object key，Object value)	将指定的值与此映射中的指定键关联
Object get(Object key)	返回指定键对应的值
boolean containsKey(Object key)	如果此映射包含指定键的映射关系，返回 true
boolean containsKey(Object value)	如果此映射将一个或多个键映射到指定值，返回 true
Set keySet()	返回此映射中包含的键的 Set 视图

图 7-3-8　Map 接口通用方法

HashMap 集合是 Map 接口的一个实现类，它用于存储键值映射关系，如图 7-3-9 所示是 HashMap 的一个运行实例。第 8 行代码首先定义了一个 HashMap 对象，第 9～14 行代码以学号为键值，存储每个学生的成绩；第 15 行代码调用 Map 对象的 keySet()方法，获得存储 Map 中所有键的 Set 集合；第 16 行代码通过 for 循环迭代 Set 集合的每一个元素，即每一个键；最后通过调用 get(key)方法，根据键获取对应的值，输出 HashMap 对象的所有元素。

```
 6  public class HashMapExample {                    定义一个HashMap对象
 7      public static void main(String[] args) {
 8          HashMap<String, Integer> mHashMap=new HashMap<String, Integer>();
 9          mHashMap.put("19040201", 65);
10          mHashMap.put("19040202", 71);          以学号为键值，存储每个学生的成绩
11          mHashMap.put("19040203", 81);
12          mHashMap.put("19040204", 92);
13          mHashMap.put("19040205", 78);          获取映射中包含的键的Set集合
14          mHashMap.put("19040206", 84);
15          Set<String> mSet=mHashMap.keySet();
16          for (String key : mSet) {
17              System.out.println(key+":"+mHashMap.get(key));
18          }
19      }
20  }                                            根据键值获取存储的值
21
```

```
 Problems  Javadoc  Declaration  Console
<terminated> HashMapExample [Java Application] C:\Program Files\Java\jdk1.8.0_191\bin\javaw.exe (2019年9月26日 下午9:10:06)
19040201:65
19040202:71
19040203:81        根据学生学号键值，输出存储的成绩
19040204:92
19040205:78
19040206:84
```

图 7-3-9　HashMap 运行实例

TreeMap 类也是 Map 接口的一个实现类，TreeMap 集合是用来存储键值映射关系的，其中不允许出现重复的键。TreeMap 中通过二叉树来保证键值的唯一性，与 TreeSet 集合存储的原理相同，因此 TreeMap 中所有的键是按照顺序排列的。

如图 7-3-10 所示是 TreeMap 运行实例。第 9 行代码新建一个 TreeMap 对象，使用 put 方法将 6 个学生的信息存入 TreeMap 集合中，其中学号作为键，成绩作为值，然后对学生信息进行遍历。从运行结果可以看出，取出的元素按照学号的自然顺序进行了排序，这是因为学号是 String 类型的，String 类实现了 Comparable 接口，因此默认会按照从小到大的自然顺序进行排序。

```
 7  public class TreeMapExample {                    新建一个TreeMap对象
 8      public static void main(String[] args) {
 9          TreeMap<String, Integer> mTreeMap=new TreeMap<String, Integer>();
10          mTreeMap.put("19040203", 81);
11          mTreeMap.put("19040204", 92);
12          mTreeMap.put("19040201", 65);          使用put方法将元素放入到TreeMap集合
13          mTreeMap.put("19040202", 71);          学号作为键值不是连续的
14          mTreeMap.put("19040205", 78);
15          mTreeMap.put("19040206", 84);          获取TreeMap的keySet对象
16          Set<String> mSet=mTreeMap.keySet();
17          for(String key : mSet) {
18              System.out.println(key+":"+mTreeMap.get(key));
19          }
20      }                                          根据键值获取集合中的元素
```

```
 Problems  Javadoc  Declaration  Console
<terminated> TreeMapExample [Java Application] C:\Program Files\Java\jdk1.8.0_191\bin\javaw.exe (2019年9月26日 下午9:44:35)
19040201:65
19040202:71
19040203:81        TreeMap的键值按照从小到大顺序存储
19040204:92
19040205:78
19040206:84
```

图 7-3-10　TreeMap 运行实例

在使用 TreeMap 集合时，也可以通过自定义比较器的方式对所有的键进行排序。下面通过一个案例将学生对象按照学号进行降序排序，如图 7-3-11 所示。在第 17 到 22 行代码中定义了比较器 MyComparator，针对 String 类型的 id 进行比较，在实现 compare()方法时，调用了 String 对象的 compareto()方法。由于方法中返回的 id2.compareTo(id1)，因此最终输出结果中的 id 按照降序进行排列。

```
 7 public class TreeMapExample2 {
 8▪   public static void main(String[] args) {
 9       TreeMap<String, Integer> mTreeMap=new TreeMap<String, Integer>(new MyComparator());
10       mTreeMap.put("19040203", 81);mTreeMap.put("19040204", 92);
11       mTreeMap.put("19040201", 65);mTreeMap.put("19040202", 71);
12       mTreeMap.put("19040205", 78);mTreeMap.put("19040206", 84);
13       Set<String> mSet=mTreeMap.keySet();
14       for(String key : mSet) {
15           System.out.println(key+":"+mTreeMap.get(key));
16       }}}
17 class MyComparator implements Comparator{
18▪   public int compare(Object o1, Object o2) {
19       String id1=(String)o1;
20       String id2=(String)o2;
21       return id2.compareTo(id1);
22   }}
```

使用自定义降序比较器初始化TreeMap对象

自定义比较器

改变默认的升序,元素降序排列

```
 Problems @ Javadoc  Declaration  Console ▪
<terminated> TreeMapExample2 [Java Application] C:\Program Files\Java\jdk1.8.0_191\bin\javaw.exe (2019年9月26日 下午10:10:51)
19040206:84
19040205:78
19040204:92
19040203:81
19040202:71
19040201:65
```

图 7-3-11   自定义比较器运行实例

在第 9 行代码中初始化 TreeMap 对象的时候使用了自定义比较器进行初始化。从最终的输出结果可以看出，集合中的数据按照键值降序进行排列。

总结：本节首先介绍了 Set 接口的作用，接着通过实例介绍了 Set 接口实现类 HashSet 和 TreeSet 的使用方法；最后介绍了 Map 接口的作用，并通过实例介绍了 Map 接口实现类 HashMap 和 TreeMap 的使用方法。

7.3.3   单元实训

1. 实训任务

田忌赛马问题：田忌经常与齐国众公子赛马，设重金赌注。孙膑发现他们的马脚力都差不多，马分为上、中、下三等，于是对田忌说："您只管下大赌注，我能让您取胜。"田忌相信并答应了他，与齐王和各位公子用千金来赌注。比赛即将开始，孙膑说："现在用您的下等马对付他们的上等马，用您的上等马对付他们的中等马，用您的中等马对付他们的下等马。"已经比了三场比赛，田忌一场败而两场胜，最终赢得齐王的千金赌注。

我们把赛马的数量可以设置多场，从键盘中输入；根据赛马的场次从键盘首先输入田忌的马的速度，再依次输入齐王的马的速度；数字的大小代表马跑的速度，数字越大跑得越快，当两个数字相同时田忌不算赢；要求算出田忌最多能赢多少场，并输出对阵场次。参考的代码如图 7-3-12 所示。

从键盘输入数值设置比赛场次 5 场，田忌赛马的速度分别设置为 2、4、6、8、10；齐王的赛马的速度分别设置为 3、5、7、9、11；运行的效果如图 7-3-13 所示。

```
package chapter73;
import java.util.ArrayList;
import java.util.Collections;
import java.util.Scanner;
public class Task1 {
        public static void main(String[] args) {
                // TODO Auto-generated method stub
                int n = 0;
                ArrayList<Integer> vTian = new ArrayList<Integer>();
                ArrayList<Integer> vQi = new ArrayList<Integer>();
                System.out.println("请输入比赛的场次:");
                Scanner in = new Scanner(System.in);
                n = in.nextInt();
                System.out.println("请输入田忌的马的速度:");
                for (int i = 0; i < n; i++) {
                        vTian.add(in.nextInt());
                }
                System.out.println("请输入齐王的马的速度:");
                for (int i = 0; i < n; i++) {
                        vQi.add(in.nextInt());
                }
                // write code here

        }
}
```

图 7-3-12　田忌赛马参考代码

```
Console
<terminated> Task1 (2) [Java Application] D:\jdk-14.0.0\bin\javaw.exe (2020年3月30日 下午12:12:23 -
请输入比赛的场次:5
请输入田忌的马的速度:2
4
6
8
10
请输入齐王的马的速度:3
5
7
9
11
负场: 田忌的第1匹马,速度为:2<->齐王的第5匹马,速度为:11
胜场: 田忌的第5匹马,速度为:10<->齐王的第4匹马,速度为:9
胜场: 田忌的第4匹马,速度为:8<->齐王的第3匹马,速度为:7
胜场: 田忌的第3匹马,速度为:6<->齐王的第2匹马,速度为:5
胜场: 田忌的第2匹马,速度为:4<->齐王的第1匹马,速度为:3
田忌可能赢的场数为:4
田忌可能输的数为:1
```

图 7-3-13　田忌赛马运行效果

2. 编程过程

在 Eclipse 中创建包 chapter73，在包 chapter73 下创建类 Task1；在 Task1 中首先将输入的马按照速度进行从小到大排序。安排的算法如下：如果田忌最强的马能赢齐王最强的马，或者田忌最弱的马能赢齐王最弱的马，可以安排比赛；还可以安排田忌最弱的马和齐王最强的马进行比赛，这样田忌赢下比赛的希望和概率就比较大，如图 7-3-14 所示。

```
package chapter73;
import java.util.ArrayList;
import java.util.Collections;
import java.util.Scanner;
public class Task1 {
    public static void main(String[] args) {
        // TODO Auto-generated method stub
        int n = 0;
        ArrayList<Integer> vTian = new ArrayList<Integer>();
        ArrayList<Integer> vQi = new ArrayList<Integer>();
        System.out.println("请输入比赛的场次:");
        Scanner in = new Scanner(System.in);
        n = in.nextInt();
        System.out.println("请输入田忌的马的速度:");
        for (int i = 0; i < n; i++) {
            vTian.add(in.nextInt());
        }
        System.out.println("请输入齐王的马的速度:");
        for (int i = 0; i < n; i++) {
            vQi.add(in.nextInt());
        }
        // write code here
        Collections.sort(vTian);
        Collections.sort(vQi);
        if (n == 0)
            return;
        int i = 0;
        int j = 0;
        int x = n - 1;
        int y = n - 1;
        int iVicotr = 0;
        int iFail=0;
        boolean bLast = true;
        while (bLast) {
            //最后一匹马已比赛完成了退出
```

图 7-3-14 田忌赛马代码

```
                    if (x == i)
                            bLast = false;
                    if (vTian.get(x) > vQi.get(y)) {
                            //如果田忌当前最好的马可以胜齐王最好的马，比一场
                            System.out.println("胜场："+"田忌的第"+(x+1)+"匹马,
                                    速度为:"+vTian.get(x)+"<->"
                                            +"齐王的第"+(y+1)+"匹马,速度为:"+vQi.get(y));
                            x--;
                            y--;
                            iVicotr += 1;
                    } else if (vTian.get(i) > vQi.get(j)) {
                            //如果田忌当前最差的马可以胜齐王最差的马，比一场
                            System.out.println("胜场："+"田忌的第"+(i+1)+"匹马,
                                    速度为:"+vTian.get(i)+"<->"
                                            +"齐王的第"+(j+1)+"匹马,速度为:"+vQi.get(j));
                            i++;
                            j++;
                            iVicotr += 1;
                    } else if (vTian.get(i) < vQi.get(y)) {
                            //否则，让田忌最差的马和齐王最好的马比一场
                            System.out.println("负场："+"田忌的第"+(i+1)+"匹马,
                                    速度为:"+vTian.get(i)+"<->"
                                            +"齐王的第"+(j+1)+"匹马,速度为:"+vQi.get(j));
                            iFail += 1;
                            i++;
                            y--;
                    }
            }
            System.out.println("田忌可能赢的场数为:"+iVicotr);
            System.out.println("田忌可能输的数为:"+iFail);
            vTian.clear();
            vQi.clear();
        }
    }
```

图 7-3-14　田忌赛马代码（续）

7.4 单元小测

7.4.1 判断题

1. 定义数组时必须分配内存。 （   ）
2. 一个数组中所有元素都必须具有相同的数据类型。 （   ）
3. 数组初始化包括静态初始化和动态初始化两种方式。 （   ）
4. Java 中的数组元素可以不是简单的数据类型。 （   ）
5. 定义数组时可以不分配内存。 （   ）
6. 一个数组中的元素可以有不同的数据类型。 （   ）
7. Java 中数组只可以静态初始化。 （   ）
8. 在 Java 语言中，引用数组元素时，其数组下标的数据类型允许整型常量或整型表达式。 （   ）
9. Java 允许创建不规则数组，即 Java 多维数组中各行的列数可以不同。 （   ）
10. 在 Java 中所实现的二维数组，实际上是由一维数组构成的数组。 （   ）
11. 对于数组 int[][] t = {{1,2,3},{4,5,6}} 来说，t.length 等于 3，t[0].length 等于 2。 （   ）
12. Java 不允许创建不规则数组，即 Java 多维数组中各行的列数必须相同。 （   ）
13. 对 Set 类型的集合使用 add()方法时，若方法返回 false 说明添加的元素不存在。 （   ）
14. ArrayList 里可以加入重复的对象。 （   ）
15. 在 ArrayList 上频繁地执行插入和删除操作效率很高。 （   ）
16. HashSet 里可以加入重复的对象。 （   ）
17. List、Set、Map 是继承自 Collection 的接口。 （   ）
18. 对 Set 类型的集合使用 add()方法时，重复的元素将被自动删除。 （   ）
19. ArrayList 里不可以加入重复的对象。 （   ）
20. HashSet 里不可以加入重复的对象。 （   ）

7.4.2 选择题

1. 以下代码段的输出结果是（   ）。

```
public class Test {
    public static void main(String[] args) {
        int[] myArray[] = new int[10][10];
        if (myArray[0][0] < 10) {
            System.out.println("good question");
        }
    }
}
```

A. 第 1 行编译错误　　　　　　　B. 第 2 行运行期异常

C. 输出 good question　　　　　　D. 没有选项对

2. 若有说明：int[] a = new int[10];则对 a 数组元素的正确引用是（　　　）。

　　A. a[10]　　　　　　　　　　　B. a[3,5]

　　C. a(5)　　　　　　　　　　　　D. a[10-10]

3. 如有定义：int[] a = { 1, 2, 3, 4, 5 };int k = 1;则对数组 a 中元素不正确引用的是
（　　）。

　　A. a[2]　　　　　　　　　　　　B. a[2*k+1]

　　C. a[5]　　　　　　　　　　　　D. a[4-k]

4. 下面程序输出结果为（　　　）。

```
public class Test {
    public static void main(String[] args) {
        int b[][]={{1,2,3},{4,5},{6,7}};
        int sum=0;
        for(int i=0;i<b.length;i++)
            for(int j=0;j<b[i].length;j++)
                sum+=b[i][j];System.out.println("sum="+sum);
    }
}
```

　　A. 28　　　　　　　　　　　　B. 6

　　C. 9　　　　　　　　　　　　　D. 13

5. 下面哪个选项不是创建数组的正确语句？（　　　）

　　A. floatf[][]=newfloat[10][10];　　　B. floatf[]=newfloat[10];

　　C. floatf[][]=newfloat[][10];　　　　D. float[][]f=newfloat[10][];

6. Java 的集合框架中重要的接口 java.util.Collection 定义了许多方法。选项中哪个方法不
是 Collection 接口所定义的？（　　　）

　　A. int size()　　　　　　　　　B. boolean containsAll(Collection c)

　　C. compareTo(Object obj)　　　D. boolean remove(Object obj)

7. 以下哪些方法是 Iterator 没有的方法？（　　　）

　　A. remove();　　　　　　　　　B. next();

　　C. hasNext();　　　　　　　　　D. add();

8. List 类的对象 list 中的元素为：[0, 1, 2, 3, 4, 5, 6, 7, 8, 9]，现在想返回该 list 对象的子集
合[5,6,7,8]，需要做的操作是（　　　）。

　　A. list.subList(5, 8);　　　　　　B. list.subList(5, 9);

　　C. list.subList(4, 8);　　　　　　D. list.subList(4, 9);

9. 下列不属于 Collection 接口的方法的是（　　　）。

　　A. clear　　　　　　　　　　　B. contains

　　C. remove　　　　　　　　　　D. listIterator

10. 当对 Set 类型的集合使用 add()方法时，若方法返回 false 说明什么？（   ）

    A. 添加的元素不存在   B. 从集合中删除元素

    C. 元素添加到集合中   D. 添加的元素在集合中已经存在

11. 下列代码的运行结果是（   ）。

```
public class HashMapExample2 {
 public static void main(String[] args) {
   HashMap<String, Integer> mHashMap=new HashMap<String, Integer>();
   mHashMap.put(""19040201"", 65);
   mHashMap.put(""19040202"", 71);
   mHashMap.put(""19040203"", 81);
   mHashMap.put(""19040204"", 92);
   mHashMap.put(""19040205"", 78);
   mHashMap.put(""19040206"", 84);
   Set<String> mSet=mHashMap.keySet();
   for (String key : mSet) {
   System.out.print(mHashMap.get(key)+"" "");
   }
 }
}
```

    A. 65 71 81 92 78 84   B. 65 71 78 81 84 92

    C. 84 78 92 81 71 65   D. 92 84 81 78 71 65

12. 关于以下程序代码的说明中正确的是（   ）。

```
class HasStatic{
    private  static  int  x=100;
    public  static  void  main(String  args[  ]){
        HasStatic  hs1=new  HasStatic(   );
        hs1.x++;
        HasStatic  hs2=new  HasStatic(   );
        hs2.x++;
        hs1=new  HasStatic(   );
        hs1.x++;
        HasStatic.x- -;
        System.out.println("x="+x);
    }
}
```

    A. 第 5 行不能通过编译，因为引用了私有静态变量

    B. 第 10 行不能通过编译，因为 x 是私有静态变量

C. 程序通过编译，输出结果为：x=103

D. 程序通过编译，输出结果为：x=102

13. 关于以下程序代码的说明中正确的是（　　）。

```
public class TreeMapExample {
public static void main(String[] args) {
  TreeMap<String, Integer> mTreeMap=new TreeMap<String, Integer>();
  mTreeMap.put(""19040203"", 81);
  mTreeMap.put(""19040204"", 92);
  mTreeMap.put(""19040201"", 65);
  mTreeMap.put(""19040202"", 71);
  mTreeMap.put(""19040205"", 78);
  mTreeMap.put(""19040206"", 84);
  Set<String> mSet=mTreeMap.keySet();
  for(String key : mSet) {
  System.out.println(key+"":""+mTreeMap.get(key));
  }
}
}
```

A. 81 92 65 71 78 84　　　　　　　B. 92 84 81 78 71 65

C. 65 71 81 92 78 84　　　　　　　D. 65 71 78 81 84 92

7.4.3　编程题

1. 从键盘中输入 16 个整数，组成一个 4×4 的矩阵，分别求出左右两条对角线元素值之和，并输出值。参考的代码如图 7-4-1 所示。

```
package Chapter74;
import java.util.Scanner;
public class Task1 {
        public static void main(String[] args) {
                // TODO Auto-generated method stub
                Scanner scan = new Scanner(System.in);
                int[][] a = new int[4][4];
                for (int i = 0; i < 4; i++) {
                        for (int j = 0; j < 4; j++)
                                a[i][j] = scan.nextInt();
                }
                //write code here
        }
}
```

图 7-4-1　矩阵参考代码

从键盘输入 16 个数值后组成了一个 4×4 的矩阵，最后求出左右两条对角线元素值之和并输出值。运行的效果如图 7-4-2 所示。

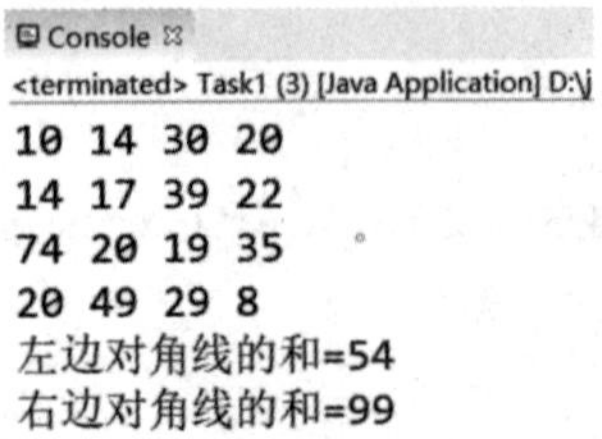

Console
<terminated> Task1 (3) [Java Application] D:\j
10 14 30 20
14 17 39 22
74 20 19 35
20 49 29 8
左边对角线的和=54
右边对角线的和=99

图 7-4-2　矩阵对角线之和的运行效果

2. 班级学生成绩排序：依次从键盘中输入一个班的成绩，班级的人数从键盘输入中获取；根据班级的人数依次输入班级同学的学号和成绩，最后根据学号的降序输出班级的成绩。程序运行的效果如图 7-4-3 所示。

Console
<terminated> Task2 [Java Application] D:\jdk-14.0.0\bin\javaw.exe
请输入学生人数：10
请输入学生的学号和成绩并用;分开
190203;91
190208;90
190201;89
190206;77
190207;82
190204;72
190205;66
190211;87
190213;78
190210;94
学生的成绩使用学号降序排列为：
190213:78
190211:87
190210:94
190208:90
190207:82
190206:77
190205:66
190204:72
190203:91
190201:89

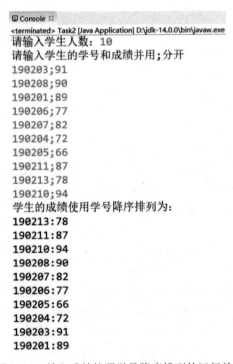

图 7-4-3　输入成绩按照学号降序排列的运行效果

第8章 I/O（输入/输出）

大多数应用程序都需要实现设备之间的数据传输，例如，键盘可以输入数，显示器可以显示程序的运行结果等。

在 Java 中，不同输入/输出设备（比如键盘、内存显示器、网络等）之间的数据传输抽象表述为"流"。Java 程序通过流的方式与输入/输出设备进行数据传输。Java 中的"流"都位于 java.io 包中，称为输入/输出流。

本章主要介绍 I/O（输入/输出）流的使用方法。

8.1 字节流

字节流视频

8.1.1 I/O 流

Java 中的 I/O 流具体分类如图 8-1-1 所示。I/O 流有很多种，根据操作数据的不同，可以分为字节流和字符流，按照数据传输方向的不同又可分为输入流和输出流，程序从输入流中读取数据，向输出流中写入数据，在 Java 的 I/O 包中，字节流的输入/输出流分别用 java.io.InputStream 和 java.io.OutputStream 表示，字符流的输入/输出流分别用 java.io.Reader 和 java.io.Writer 表示。

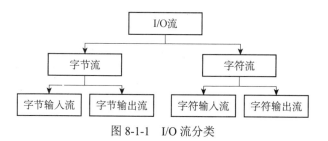

图 8-1-1 I/O 流分类

8.1.2 字节流概述

在计算机中，无论是文本、图片、音视频等多媒体，所有的文件都是以二进制（字节）形式存在的，I/O 流中针对字节的输入/输出提供了一系列的流，统称为字节流。

字节流是程序中最常用的流，根据数据的传输方向可将其分为字节输入流和字节输出流。

JDK 中提供了两个抽象类 InputStream 和 OutputStream，它们是字节流的父类，所有的字节输入流都继承自 InputStream，所有的字节输出流都继承自 OutputStream。

如图 8-1-2 所示是字节流的流程图，为了方便理解，可以把 InputStream 和 OutputStream 比作两根"管道"。

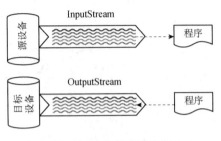

图 8-1-2　字节流流程图

Inputstream 是输入管道，OutputStream 是输出管道；数据通过 InputStream 从源设备输入到程序，通过 OutputStream 从程序输出到目标设备，从而实现数据的传输。

InputStream 和 OutputStream 都提供了一系列与读写数据相关的方法，接下来先来了解一下 InputStream 的常用方法。

如图 8-1-3 所示是 InputStream 类的常用方法。

方法声明	功能描述
int read()	从输入流读取一个 8 位的字节，把它转换为 0～255 之间的整数并返回
int read(byte[]b)	从输入流读取若干字节，保存到参数 b 指定的字节数组中
int read(byte[]b,int off,int len)	从输入流读取若干字节，把它们保存到参数 b 指定的字节数组中；off 参数指定字节数组开始保存数据的起始下标；len 参数表示读取的字节长度
void close()	关闭此输入流并释放与该流相关的系统资源

图 8-1-3　InputStream 类常用方法

（1）int read( )：从输入流逐个读取字节。

（2）int read(byte[] b)：从输入流一次性读取若干字节，并保存到参数 b 指定的字节数组中；这个方法提高了系统读取数据的效率。

（3）int read(byte[] b，int off，int len)：从输入流一次性读取指定位置和长度的字节，并保存到参数 b 指定的字节数组中。

（4）void close()：关闭此输入流并释放与该流相关的系统资源；在进行 I/O 流操作时，当前 I/O 流会占用一定的内存。

由于系统资源宝贵，因此在 I/O 操作结束后，应该调用 close()方法关闭流，从而释放当前 I/O 流所占的系统资源。

下面我们了解一下 OutputStream 的常用方法，如图 8-1-4 所示是 OutputStream 类的常用方法。

方法声明	功能描述
void write(int b)	向输出流写入一个字节
void write(byte[]b)	向输出流一次性写入参数 b 指定的字节数组
int read(byte[]b,int off,int len)	向输出流一次性写入参数 b 指定长度和位置的字节数组
void flush()	将输出流缓冲区数据强制写入目标设备
void close()	关闭此输出流并释放与该流相关的系统资源

图 8-1-4　OutputStream 类的常用方法

如图 8-1-5 所示是 InputStream 类继承结构。InputStream 和 OutputStream 两个类虽然提供了一系列和读写数据有关的方法，但是这两个类是抽象类，不能被实例化，因此，针对不同的功能，InputStream 和 OutputStream 提供了不同的子类，这些子类形成了一个继承结构。

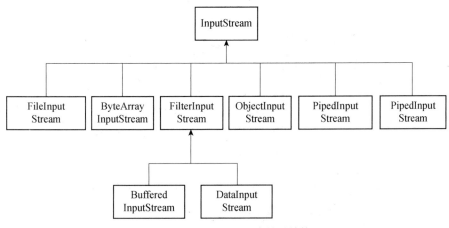

图 8-1-5　InputStream 类继承结构

如图 8-1-6 所示是 OutputStream 类继承结构。InputStream 和 OutputStream 两个类的子类有很多是大致对应的，比如 FileInputStream 和 FileOutputStream 文件读写类，ByteArrayInputStream 和 ByteArrayOutputStream 字节读写类，ObjectInputStream 和 ObjectOutputStream 对象读写类。

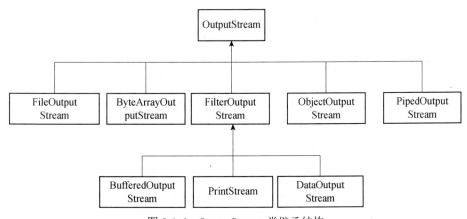

图 8-1-6　OutputStream 类继承结构

8.1.3　文件读写

由于计算机中的数据基本都保存在硬盘的文件中，操作文件中的数据是一种很常见的操作。在操作文件时，最常见的就是从文件中读取数据，将数据写入文件，即文件的读写。针对文件的读写，Java 专门提供 FileInputStream 和 FileOutputStream 文件读写类。

FileInputStream 是 InputStream 的子类，它是操作文件的字节输入流，专门用于读取文件中的数据，由于从文件读取数据是重复的操作，因此需要通过循环语句来实现数据的持续读取。

下面通过一个实例来实现字节流对文件数据的读取，如图 8-1-7 所示。首先在 E 盘中创建一个文本文件 test.txt，在文件中输入内容"Hello，this is a file reader test"。第 7 行代码新
建了一个输入流的对象 in；第 9～19 行代码通过 while 循环的方式读取文件内容；第 11 行代
码通过 read 方法按字节读取输入流的内容，并将字节内容输出，如果到了文件的结尾，循环
退出。

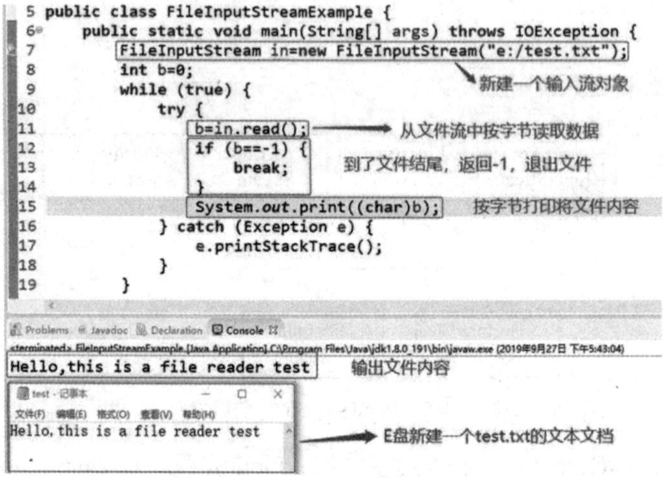

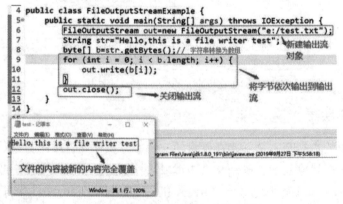

图 8-1-7　字节流读取文件实例

从输出结果可以看出，程序将文件的内容读出并成功输出。

FileOutputStream 是 OutputStream 的子类，它是操作文件的字节输出流，专门用于把数
据写入文件。

下面通过一个案例来实现字节流对文件数据的写入，如图 8-1-8 所示。首先在 E 盘中创
建一个文本文件 test.txt，在文件中写入内容"Hello，this is a file writer test"；第 6 行代码新
建了一个输出流的对象 out；第 7 到 8 行代码定义了一个字符串 str，并将字符串对象转成字
节数组 b；第 9～11 行代码通过 for 循环的方式依次向文件写入字节数据；第 10 行代码使用
输出流将字节数据写入文件；第 12 行代码通过 close 方法关闭输出流。

图 8-1-8　字节流读写入文件实例

从输出结果可以看出，程序将文件的原有数据清除，将新的字节数据写入文件。

上面的例子中使用 FileOutputStream 程序将文件的原有数据清除，将新的字节数据写入文件；如果希望在已存在的文件内容之后追加新内容，可使用构造函数 FileOutputStream (String fileName，boolean append)来创建文件输出流对象。

如图 8-1-9 所示是 FileOutputStream 类追加写入文件实例。与上面的例子相比较，构造函数 FileOutputStream 创建输出流对象的时候，把 append 参数的值设置为 true，从输出的结果来看，文件中追加了一个字符串的内容。

```java
 4  public class FileOutputStreamExample {
 5      public static void main(String[] args) throws IOException {
 6          FileOutputStream out=new FileOutputStream("e:/test.txt",true);
 7          String str="Hello,this is a file writer test";
 8          byte[] b=str.getBytes();// 字符串转换为数组
 9          for (int i = 0; i < b.length; i++) {
10              out.write(b[i]);
11          }
12          out.close();
13      }
14  }
```

构造方法的 append 参数设置为 true，表示以追加方式写入文件

Hello,this is a file writer testHello,this is a file writer test

追加了一个字符串内容

图 8-1-9　FileOutputStream 类追加写入文件实例

8.1.4　文件拷贝

在应用程序中，I/O 流通常都是成对出现的，即输入流和输出流一起使用，比如我们常用的文件的拷贝就需要通过输入流来读取文件中的数据，通过输出流将数据写入文件。

如图 8-1-10 所示是文件拷贝的一个实例。程序的第 11 行代码创建了一个输入流，用于读取 e:/src/目录下的 java.mp4 文件，这个文件大概 40 多兆；程序的第 13 行代码创建了一个输出流，将数据写入到 e:/dst/目录下的 java.mp4 文件；程序的第 16 行到 18 行代码通过 while 循环将字节逐个进行拷贝。

每 循 环 一 次 ， 就 通 过 FileInputStream 的 read() 方 法 读 取 一 个 字 节 ， 并 通 过 FileOutputStream 的 write()方法将该字节写入指定文件，循环往复，直到 len 的值为-1，表示读取到了文件的末尾，结束循环，完成文件的拷贝，程序的第 15 和 21 行代码用于计算文件拷贝总时间。

```java
 9  public static void main(String[] args) throws IOException {
10      //创建输入流，用于读取e:/src/目录下的java.mp4文件
11      FileInputStream in=new FileInputStream("e:/src/java.mp4");
12      //创建输出流，将数据写入e:/dst/目录下的java.mp4文件
13      FileOutputStream out=new FileOutputStream("e:/dst/java.mp4");
14      int len;
15      long startTime=System.currentTimeMillis();//获取文件拷贝前时间
16      while ((len=in.read())!=-1) {//读取1个字节并判断文件是否到末尾
17          out.write(len); //每次将读取到的1个字节写入到目标文件
18      }
19      long endTime=System.currentTimeMillis();
20      //计算文件拷贝总时间
21      System.out.println("拷贝文件消耗的时间，"+(endTime-startTime)/1000/60+"分钟");
22      in.close();
```

拷贝文件消耗的时间，6分钟

图 8-1-10　文件拷贝实例

程序运行结束后，从图中的文件夹可以看出，E:/dst/java.mp4 已完成拷贝；命令行窗口打印拷贝文件所消耗的时间大概为 6 分钟。

上面的实例虽然实现了文件的拷贝，但是一个字节一个字节地读写，需要频繁的操作文件，效率非常低，这就好比从北京运送快递到深圳，如果有十万件，每次运送 1 件，就必须运输十万次，这样的效率显然非常低。为了减少运输次数，可以先把一批快件装在车厢中，这样就可以成批地运送快件，这时的车厢就相当于一个临时缓冲区。

当通过流的方式拷贝文件时，为了提高效率也可以定义一个字节数组作为缓冲区；在拷贝文件时，可以一次性读取多个字节的数据并保存在字节数组中，然后将字节数组中的数据一次性写入文件。

接下来通过字节流拷贝实例来学习如何使用缓冲区拷贝文件，如图 8-1-11 所示。与上面的实例不同的是，程序的第 15 行代码定义一个具有 1024 个 byte 的数组用于缓冲区。程序的第 17 行代码通过 FileInputStream 的 read()方法读取 1024 个字节并判断文件是否到末尾；程序的第 18 行代码通过 FileOutputStream 的 write()方法每次将读取到的 1024 个字节文件写入到目标文件。

```java
 8 public class FileCopyExample {
 9     public static void main(String[] args) throws IOException {
10         //创建输入流,用于读取e:/src/目录下的java.mp4文件
11         FileInputStream in=new FileInputStream("e:/src/java.mp4");
12         //创建输出入流,将数据写到e:/dst/目录下的java.mp4文件
13         FileOutputStream out=new FileOutputStream("e:/dst/java.mp4");
14         int len;
15         byte[] buf=new byte[1024]; //定义一个1024个byte数组用于缓冲区
16         long startTime=System.currentTimeMillis();//获取文件拷贝前时间
17         while ((len=in.read(buf))!=-1) {//读取1024个字节并判断文件是否到末尾
18             out.write(buf,0,len);   //每次将读取到的1024个字节文件写入到目标文件
19         }
20         long endTime=System.currentTimeMillis();
21         //计算文件拷贝总时间
22         System.out.println("拷贝文件消耗的时间, "+(endTime-startTime)+"毫秒");
23         in.close();
24         out.close();
25     }
26 }
27
```

Problems @ Javadoc Declaration Console
\<terminated\> FileCopyExample [Java Application] C:\Program Files\Java\jdk1.8.0_191\bin\javaw.exe (2019年9月27日 下午8:51:34)
拷贝文件消耗的时间, 508毫秒

图 8-1-11　缓冲区文件拷贝实例

程序运行结束后，从图中的文件夹可以看出，E:/dst/java.mp4 已完成拷贝；命令行窗口打印拷贝文件所消耗的时间大概为 508ms。

可以看出拷贝文件所消耗的时间明显减少了，从而说明缓冲区读写文件可以有效提高程序的效率。这是因为程序中的缓冲区就是一块内存，用于存放暂时输入／输出的数据，使用缓冲区减少了对文件的操作次数，所以可以提高读写数据的效率。

总结：本节首先介绍 I/O 流的分类，接着介绍了 InputStream 和 OutputStream 类的常用方法；通过实例了解了 InputStream 和 OutputStream 类的使用流程；最后通过文件拷贝流程及优化拷贝时间介绍输入流和输出流一起使用的方法。

字符流视频

8.2　字符流

8.2.1　字符流概述

上一节我们介绍了 InputStream 类和 OutputStrean 类在读写文件时操作的都是字节，如果希望在程序中操作字符，使用这两个类就不太方便，为此 Java 提供了字符流。本节我们主要介绍字符流的常用用法。

同字节流一样，字符流也有两个抽象的顶级父类，分别是 Reader 和 Writer。如图 8-2-1 所示是 Reader 继承关系，其中 Reader 是字符输入流，用于从某个源设备读取字符，Reader 的子类主要包括 BufferReader、CharArrayReader、InputStreamReader 和 PipedReader。

如图 8-2-2 所示是 Writer 继承关系，其中 Writer 是字符输出流，用于向目标设备写入字符，Writer 的子类主要包括 BufferWriter、CharArrayWriter、OutputStreamWriterr、PipedWriter 和 PrintWriter。

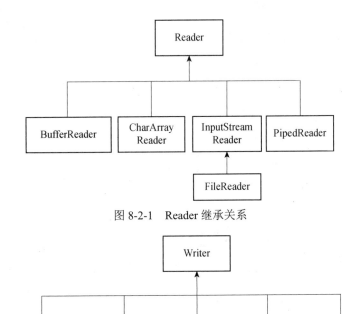

图 8-2-1　Reader 继承关系

图 8-2-2　Writer 继承关系

字符流的继承关系与字节流的继承关系有些类似，很多子类都是输入流和输出流成对出现的，其中 FileReader 和 FileWriter 用于读写文件。BufferReader 和 BufferWriter 是具有缓冲功能的流，可以提高读写效率。

在程序开发中，经常需要对文本文件的内容进行读取，如果想从文件中直接读取字符便可以使用字符输入流 FileReader，通过此流可以从关联的文件中读取一个或一组字符。

接下来学习字符流读取文件流程，首先在 E 盘目录下新建文件"test.txt"并在其中输入字符"Hello，this is a FileReader test；"，然后通过一个实例来用 FileReader 读取文件中的字符，如图 8-2-3 所示。第 8 行代码新建了一个字符输入流的对象 in；第 10～12 行代码通过 while 循环的方式读取文件内容；第 10 行代码通过 read 方法按字符读取输入流的内容，第 11 行代码将字符转为 char 类型输出，如果到了文件的结尾，循环退出。

从输出结果可以看出，程序将文件的内容读出并成功输出。

如果要向文件中写入字符就需要使用 FileWriter 类，FileWriter 是 Writer 的一个子类，接下来通过一个实例来学习如何使用 FileWriter 将字符写入文件。如图 8-2-4 所示，第 7 行代码新建了一个字符输出流对象 out；第 8 行代码定义了一个字符串 str；第 9 行代码使用字符输出流对象 out 将字符串数据写入文件；第 11 行代码通过 close 方法关闭输出流。从输出结果可以看出，程序将文件的原有数据清除，并将新的字符数据写入文件。

```
 3 import java.io.FileReader;
 4 import java.io.IOException;
 5 public class FileReaderExample {
 6     public static void main(String[] args) throws IOException {
 7         // 创建一个FileReader对象读取文件的字符
 8         FileReader in=new FileReader("e:/test.txt");
 9         int ch;//创建一个变量保存读取的字符
10         while ((ch=in.read())!=-1){ //循环判断是否读到了文件末尾
11             System.out.print((char)ch);//不是文件末尾转为字符输出
12         }
13         in.close();//关闭文件读取流，释放资源
14     }
15 }
```

Hello,this is a FileReader test; → 输出内容

Hello,this is a FileReader test; → 文本的内容

图 8-2-3 字符流读取文件实例

```
 4 public class FileWriterExample {
 5     public static void main(String[] args) throws IOException {
 6         // 创建一个FileWriter对象向文件写入字符
 7         FileWriter out=new FileWriter("e:/test.txt");
 8         String str="Hello,this is a FileWriter test;";
 9         out.write(str);//将字符写入文本文件
10         out.write("\r\n");//换行
11         out.close();//关闭文件输出读取流，释放资源
12     }
13 }
```

Hello,this is a FileWriter test;

将文件以前的内容删除，写入了新的字符

图 8-2-4 字符流写入文件实例

上面的例子中使用 FileWriter 将文件的原有数据清除，将新的字节数据写入文件；如果希望在已存在的文件内容之后追加新的内容，可使用重载的构造函数 FileWriter(String fileName，boolean append)来创建输出流对象。

如图 8-2-5 所示是 FileWriter 类追加写入实例。和上面的例子相比较，构造函数 FileWriter 创建输出流对象的时候，把 append 参数的值设置为 true，从输出的结果来看，文件中并没有清除以前的内容，而是在文件的结尾追加了一个字符串的内容。

```java
 4  public class FileWriterExample2 {
 5      public static void main(String[] args) throws IOException {
 6          // 创建一个FileWriter对象以追加的方式向文件写入字符
 7          FileWriter out=new FileWriter("e:/test.txt",true);
 8          String str="Hello,this is a FileWriter test;";
 9          out.write(str);//将字符写入文本文件
10          out.write("\r\n");//换行
11          out.close();//关闭文件输出读取流，释放资源
12      }
13  }
```

Hello,this is a FileWriter test;
Hello,this is a FileWriter test;　　　→ 文件以追加的方式写入了字符串

图 8-2-5　FileWriter 类追加写入文件

8.2.2　对象序列化

程序运行时一般都会在内存中创建多个对象，当程序结束的时候，Java 自动将这些对象回收。如果希望永久保存这些对象，则可以将对象转为字节数据后并写入到硬盘上，这个过称为对象序列化。

Java 中提供了 ObjectOutputStream 对象输出流来实现对象的序列化。当对象进行序列化时，必须保证该对象实现 Serializable 接口，否则程序会出现 NotSerializableException 异常。

接下来通过一个实例学习如何将 Student 对象序列化并保存到文件中，如图 8-2-6 所示。

首先我们定义一个 Student 类并实现了 Serializable 接口；序列化接口没有方法或字段，仅用于标识可序列化的语义。在 Student 类中定义了三个私有化的 strName、iNum、strCls 成员变量；并定义获取属性值的 getXxx()方法和设置属性值的 setXxx()方法。

```java
 5  public class Student implements Serializable {
 6      private String strName;//定义String字符类型姓名
 7      private int iNum;//定义int整数类型的学号
 8      private String strCls;//定义String字符类型班级
 9      //鼠标右键选择"source"->"Generate Getters
10      //and Setters"可以自动生成代码        实现序列化
11      public String getStrName() {           接口
14      public void setStrName(String strName) {
17      public int getiNum() {
20      public void setiNum(int iNum) {
23      public String getStrCls() {
26      public void setStrCls(String strCls) {
29  }
30
```

图 8-2-6　FileWriter 类追加写入文件

下面我们介绍将 Student 对象序列化的过程，如图 8-2-7 所示。首先第 10 行代码我们定义一个 Student 类对象，并使用构造方法对对象的属性进行设置。第 11 行代码创建文件输出流将数据写入到 E:\stu.txt 文件中；第 14 代码创建对象输出流，用于处理文件输出流对象写入的数据；第 15 行代码使用 ObjectOutputStream 的 writeObject 方法将对象写入到文件中。

当程序运行结束后，会发现在当前 E 盘下自动生成了一个 stu.txt 文件，这个文件记录了 Student 类对象的数据。

下面我们介绍将 Student 对象反序列化的过程，如图 8-2-8 所示。第 9 行代码创建文件输入流读取 E:\stu.txt 文件中的数据；第 11 行代码创建对象输入流，用于将文件输入流对象

的数据反序列化；第 13 行代码读取文件的数据并反序列化；第 15～17 行代码将反序列化得到的 Student 对象的属性输出。

```
 8  public class ObjectOutputStreamExample {
 9      public static void main(String[] args) throws IOException {
10          Student s=new Student("张帅", 1902040001, "19软件技术3-2班");
11          //创建文件输出流将数据写入到E:\stu.txt文件中
12          FileOutputStream out=new FileOutputStream("E:/stu.txt");
13          //创建对象输出流，用于处理文件输出流对象写入的数据
14          ObjectOutputStream oos=new ObjectOutputStream(out);
15          oos.writeObject(s);
16          out.close();
17          oos.close();
18      }
19  }
20
```

图 8-2-7　Student 对象序列化

```
 5  public class ObjectInputStreamExmaple {
 6      public static void main(String[] args) throws IOException, Exception {
 7          // TODO Auto-generated method stub
 8          //创建文件输入流读取E:\stu.txt文件的数据
 9          FileInputStream in=new FileInputStream("E:/stu.txt");
10          //创建对象输入流，用于将文件输入流对象的数据反序列化
11          ObjectInputStream ois=new ObjectInputStream(in);
12          //读取文件的数据并反序列化
13          Student s=(Student)ois.readObject();
14          //将反序列化得到的Student对象的属性输出
15          System.out.println("Class:"+s.getStrCls());
16          System.out.println("Num:"+s.getiNum());
17          System.out.println("Name:"+s.getStrName());
18      }
19  }
20
```

```
<terminated> ObjectInputStreamExmaple [Java Application] C:\Program Files\Java\jdk1.8.0_191\bin\javaw.exe (2019年9月28日 下午8:36:28)
Class:19软件技术3-2班
Num:1902040001            输出反序列化的类对象数据
Name:张帅
```

图 8-2-8　Student 对象反序列化

当程序运行结束后，输出了反序列化后 Student 类对象的属性数据。

总结：本节首先介绍 Reader 和 Writer 的分类体系，通过实例介绍 FileReader 和 FileWriter 读写文件流程；最后通过实例介绍 ObjectOutputStream 和 ObjectInputStream 进行对象的序列化和反序列化的过程。

8.3　文件访问

文件访问视频

8.3.1　File 文件类

前面我们已经介绍了 I/O 流可以对文件的内容进行读写操作，那么在应用程序中经常对文件本身进行一些常规操作，例如创建一个文件，删除或者重命名某个文件，判断硬盘上某个文件是否存在，查询文件最后修改时间等。

针对文件的这类操作，Java 提供了 File 类，该类封装了一个文件路径，并提供了一系列方法用于操作该路径所指向的文件；接下来围绕 File 类展开详细讲解。

File 类主要通过文件的路径访问文件，比如上节我们使用的绝对路径 "e:\src\java.mp4"；File 类内部封装的路径可以指向一个文件，也可以指向一个目录，在 File 类中提供了针对这些文件或目录的一些常规操作，首先介绍一下 File 类常用的构造方法，如图 8-3-1 所示。

方法声明	功能描述
File(String pathname)	通过指定文件路径创建 File 对象
File(String pathname,String child)	通过指定文件父路径和子路径创建 File 对象
File(File parent,String child)	通过指定 File 类的父路径和子路径创建 File 对象

图 8-3-1　File 类构造方法

如果程序只处理一个目录或文件，并且知道该目录或文件的路径，使用第一个构造方法较方便。如果程序处理的是一个公共目录中的若干子目录或文件，那么使用第二个或者第三个构造方法会更方便。

File 类中提供了一系列方法，用于操作指向的文件或者目录，例如，判断文件目录是否存在、创建删除文件目录等。接下来通过一个实例介绍 File 类中的常用方法，如图 8-3-2 所示。第 5 行代码在当前目录下创建一个 "java.mp4" 的文件对象；第 7 行代码通过 file.getName()方法获取文件名称；第 9 行代码通过 file.getParent()方法获取文件的父类路径；第 11 行代码通过 file.getPath() 方法获取文件的相对路径；第 13 行代码通过 file.getAbsolutePath()方法获取文件的绝对路径；第 15 行代码通过 file.canRead()方法判断文件是否可读；第 17 行代码通过 file.canWrite()方法判断文件是否可写。

```java
public class FileExample {
    public static void main(String[] args) {
        File file = new File("java.mp4");   // 创建File文件对象，表示一个文件
        // 获取文件名称
        System.out.println("File名称:" + file.getName());
        // 获取文件的父路径
        System.out.println("文件的父路径:" + file.getParent());
        // 获取文件的相对路径
        System.out.println("文件的相对路径:" + file.getPath());
        // 获取文件的绝对路径
        System.out.println("文件的绝对路径:" + file.getAbsolutePath());
        // 判断文件是否可读
        System.out.println(file.canRead() ? "文件可读" : "文件不可读");
        // 判断文件是否可写
        System.out.println(file.canWrite() ? "文件可写": "文件不可写");
    }
}
```

```
Problems  Javadoc  Declaration  Console
<terminated> FileExample [Java Application] C:\Program Files\Java\jdk1.8.0_191\bin\javaw.exe (2019年9月29日 上午11:16:11)
File名称:java.mp4
文件的父路径:null
文件的相对路径:java.mp4                    File类方法的运行结果
文件的绝对路径:F:\360yunpan\work\19Java\19Java\java.mp4
文件不可读
文件不可写
```

图 8-3-2　File 类操作实例

通过运行结果可以看出，我们可以通过 File 类的方法对文件进行各种操作。

8.3.2 File 文件遍历

File 类中有一个 list 方法，该方法用于遍历指定目录下的所有文件的名称。接下来通过一个实例来演示文件的遍历，如图 8-3-3 所示。第 6 行代码创建了一个 File 对象，封装了一个绝对路径；第 8 行代码通过调用 File 的 isDirectory 方法判断 File 对应的目录是否存在；第 10 行代码调用 list()方法获得一个 String 类型的数组 strNames，数组中包含这个目录下所有文件的文件名。第 12 到 13 行代码通过循环遍历数组 strNames，依次打印出每个文件的文件名称。

通过程序输出的结果可以看出，File 类的 list 方法可以将文件夹目录下的文件名全部显示。

在上一个实例中实现遍历一个目录下所有的文件，如果有时候程序只是需要得到指定类型的文件，如获取指定目录下所有的 ".java" 文件。针对这种需求，File 类中提供了一个重载的 list(FilenameFilter filter)方法；该方法接收一个 FilenameFilter 类型的参数，过滤器的实现代码如图 8-3-4 所示。

图 8-3-3　File 类实现文件遍历

```
// 创建过滤器对象
FilenameFilter filter = new FilenameFilter() {
    // 实现 accept()方法
    public boolean accept(File dir, String name) {
        File curFile = new File(dir, name);
        // 如果文件名以.java 结尾返回 true，否则返回 false
        if (curFile.isFile() && name.endsWith(".java")) {
            return true;
        } else {
            return false;
        }
    }
};
```

图 8-3-4　过滤器的实现代码

FilenameFilte 是一个接口，被称作文件过滤器，定义了一个抽象方法 accept(File dir, String name)。在 accept 方法中，首先我们根据目录和文件后缀新建一个 File 类对象 curFile；如果文件名以.java 结尾，返回 true，否则返回 false；在调用 list 方法时，通过文件过滤器在 accept()方法中做出判断，从而获得指定类型的文件。

下面我们通过一个实例来了解 File 类文件过滤器的实现原理，如图 8-3-5 所示。第 7 行代码创建 File 对象；第 9～20 行代码创建过滤器对象；第 22 行代码调用 list()方法传入 FilenameFilter 文件过滤器对象。

File 类对象取出当前 File 对象所代表目录下的所有子目录和文件；对于每一个子目录或文件，都会调用文件过滤器对象的 accept 方法，如果 accept 方法返回 true，就将当前遍历的子目录或文件添加到数组中；如果返回 false，则不将当前的遍历的子目录或文件添加到数组中；从最后的运行结果我们可以看到，将目录中后缀名为".java"的文件全部输出。

```
4 public class FileFilterExample {
5     public static void main(String[] args) {
6         // 创建File对象
7         File file = new File("F:\\360yunpan\\work\\19Java\\19Java\\src\\chapter83");
8         // 创建过滤器对象
9         FilenameFilter filter = new FilenameFilter() {
21     if(file.exists()) {// 判断File对象对应的目录是否存在
22         String[] lists = file.list(filter); // 获得过滤后的所有文件名数组
23         for (String name : lists) {
24             System.out.println(name);
25         }
26     }
27     }
28 }
```

```
FileExample.java
FileFilterExample.java
FileTraversal.java
```
输出文件目录中后缀名为 ".java" 的文件

图 8-3-5 File 类文件过滤器的实现原理

在上几个例子都是遍历目录下文件的文件名，有时候在一个目录下，除了文件，还有子目录，如果想得到所有子目录下的 File 类型对象，list()方法显然不能满足要求，这时需要使用 File 类提供的另一个方法 listFiles()，listFiles()方法返回一个 File 对象数组，当对数组中的元素进行遍历时，如果元素中还有子目录需要遍历，则需要使用递归。

下面我们通过一个实例实现遍历指定目录下的所有文件，如图 8-3-6 所示。第 12 行代码定义了一个静态方法 fileDir()，接收一个表示目录的 File 对象作为参数；第 13 行代码通过调用 listFiles()方法把该目录下所有的子目录和文件存到一个 File 类对象 files 数组中；第 14～17 行代码遍历数组 files，对当前遍历的 File 对象进行判断，如果是目录就重新调用 fileDir ()方法进行递归，如果是文件就直接输出文件的路径，该目录下的所有文件就被成功遍历了。

从最后的运行结果可以看出，可以输出指定目录下的所有的文件路径。

```
 5  public class FileDirectoryExample {
 6      public static void main(String[] args) {
 7          // 创建File对象
 8          File file = new File("F:\\360yunpan\\work\\19Java\\19Java\\src\\");
 9          //调用fileDir方法遍历所有文件
10          fileDir(file);
11      }
12      public static void fileDir(File dir) {
13          File[] files=dir.listFiles();//获取指定目录下的所有文件
14          for (File file : files) {//遍历子目录和文件
15              if (file.isDirectory()) {//如果是子目录
16                  fileDir(file);//递归调用fileDir
17              }
18              //输出文件的所有路径
19              System.out.println(file.getAbsolutePath());
20          }
```

输出指定目录下的所有文件路径

```
Problems  Javadoc  Declaration  Console
<terminated> FileDirectoryExample [Java Application] C:\Program Files\Java\jdk1.8.0_191\bin\javaw.exe (2019年9月29日 下午5:30:52)
F:\360yunpan\work\19Java\19Java\src\chapter81\FileCopyExample2.java
F:\360yunpan\work\19Java\19Java\src\chapter81\FileInputStreamExample.java
F:\360yunpan\work\19Java\19Java\src\chapter81\FileOutputStreamExample.java
F:\360yunpan\work\19Java\19Java\src\chapter81\FileOutputStreamExample2.java
F:\360yunpan\work\19Java\19Java\src\chapter81
F:\360yunpan\work\19Java\19Java\src\chapter82\ByteArrayInputStreamExample.java
F:\360yunpan\work\19Java\19Java\src\chapter82\FileReaderExample.java
F:\360yunpan\work\19Java\19Java\src\chapter82\FileWriterExample.java
F:\360yunpan\work\19Java\19Java\src\chapter82\FileWriterExample2.java
F:\360yunpan\work\19Java\19Java\src\chapter82\ObjectInputStreamExmaple.java
```

图 8-3-6　目录遍历

8.3.3　File 文件删除

在操作文件时，经常需要删除一个目录下的某个文件或者删除整个目录，这时会使用 File 类的 delete 方法。接下来通过一个实例来介绍文件的删除过程，如图 8-3-7 所示。

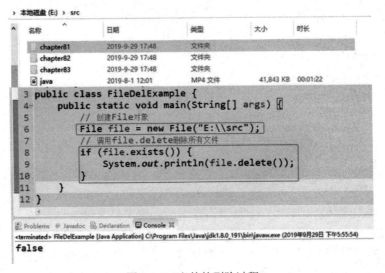

图 8-3-7　文件的删除过程

在 E 盘的 src 文件夹下有一个文件和三个源代码目录，首先第 6 行代码新建 File 对象，第 9 行代码通过 File 的 delete 方法删除文件；运行结果输出了 false，说明删除文件失败。为什么会失败？那是因为 File 类的 delete()方法只能删除一个指定的文件，如果 File 对象代表目录，并且目录下包含子目录或文件，则 File 类的 delete()方法不允许对这个目录直接删除。

上个例子中我们介绍了 File 类的 delete()方法不允许对这个目录直接删除，如果要删除整个目录，需要通过递归的方式将整个目录及其中的文件全部删除。下面通过一个实例来演示删除整个目录内容，如图 8-3-8 所示。

```java
3  public class FileDirectoryDelExample {
4      public static void main(String[] args) {
5          File file = new File("E:\\src");// 创建File对象
6          //删除前调用fileDir方法遍历所有文件
7          System.out.println("目录删除前:");
8          fileDir(file);
9          System.out.println("目录删除后，");
10         fileDel(file);
11         fileDir(file);
12     }
13     public static void fileDir(File dir) {
23     public static void fileDel(File dir) {
24         File[] files=dir.listFiles();//获取指定目录下的所有文件
25         for (File file : files) {//遍历子目录和文件
26             if (file.isDirectory()) {//如果是目录
27                 fileDel(file);//递归调用fileDel
28             }
29             file.delete();//删除指定目录的所有文件
30         }
31     }
32 }
```

```
目录删除前：
E:\src\chapter81\FileCopyExample.java
E:\src\chapter81\FileCopyExample2.java
E:\src\chapter81\FileInputStreamExample.java
E:\src\chapter81\FileOutputStreamExample.java
E:\src\chapter81\FileOutputStreamExample2.java
E:\src\chapter81
E:\src\chapter82\ByteArrayInputStreamExample.java
E:\src\chapter82\FileReaderExample.java
E:\src\chapter82\FileWriterExample.java
E:\src\chapter82\FileWriterExample2.java
E:\src\chapter82\ObjectInputStreamExmaple.java
E:\src\chapter82\ObjectOutputStreamExample.java
E:\src\chapter82\Student.java
E:\src\chapter82
E:\src\chapter83\FileDelExample.java
E:\src\chapter83\FileDirectoryDelExample.java
E:\src\chapter83\FileDirectoryExample.java
E:\src\chapter83\FileExample.java
E:\src\chapter83\FileFilterExample.java
E:\src\chapter83\FileTraversal.java
E:\src\chapter83\java.mp4
E:\src\chapter83
E:\src\java.mp4
目录删除后：          将指定目录下的文件全部删除
```

图 8-3-8　递归删除目录下所有文件

第 23 行代码定义了一个删除目录的静态方法 fileDel，接收一个 File 类型的参数。在这个方法中，第 24 行代码通过调用 listFiles()方法把该目录下所有的子目录和文件存到一个 File 类对象 files 数组中；第 25～29 行代码遍历数组 files，对当前遍历的 File 对象进行判断，如果是目录就重新调用 fileDel()方法进行递归，如果是文件就直接删除，当删除完一个目录下的所有文件后再将这个目录删除。

从最后的运行结果可以看出，通过递归的方法可以将指定目录下的所有的文件及目录全部删除。

总结：本节首先介绍 File 类的常用方法；然后通过实例介绍了 File 文件类遍历的使用方法；最后通过实例介绍 File 文件及目录的删除方法。

8.4　单元实训

8.4.1　实训任务

编写一个文本编辑器，包含一个菜单栏，菜单栏包含三个菜单，分别为文件、编辑和帮助。"文件"菜单包含了新建、打开、保存和退出四个子菜单；"编辑"菜单包含剪切、复制和粘贴三个子菜单；"帮助"菜单包括关于记事本和联系开发者两个子菜单。用户可以在文本编辑区对文档进行编辑，文本编辑区可以上下滑动。程序的显示效果如图 8-4-1 所示。

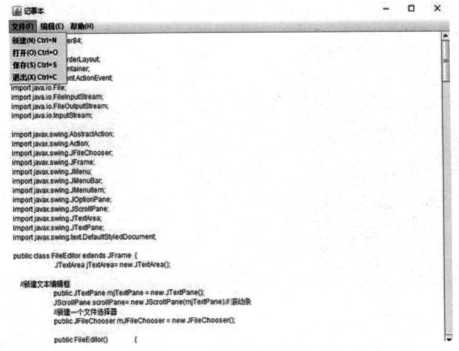

图 8-4-1　文本编辑器运行效果

8.4.2　实训过程

在 Eclipse 中创建包 chapter84，在包 chapter84 下创建 FileEditor 类继承自 JFrame 窗体类；在 FileEditor 中定义 Frame 窗口，窗口包含一个滚动条 JScrollPane 组件，滚动条中包含一个 JTextPane 文本编辑组件；新建一个文件选择器；再新建菜单子项，如图 8-4-2 所示。

```java
import javax.swing.JMenuBar;
import javax.swing.JMenuItem;
import javax.swing.JOptionPane;
import javax.swing.JScrollPane;
import javax.swing.JTextArea;
import javax.swing.JTextPane;
import javax.swing.text.DefaultStyledDocument;

public class FileEditor extends JFrame    {
    //新建文本编辑框
    public JTextPane mjTextPane = new JTextPane();
    JScrollPane scrollPane= new JScrollPane(mjTextPane);//滚动条
    //新建一个文件选择器
    public JFileChooser mJFileChooser = new JFileChooser();
    private void setScscrollPane() {
            scrollPane.setHorizontalScrollBarPolicy(JScrollPane.HORIZONTAL_SCROLLBAR_AS_NEEDED
                );

            scrollPane.setVerticalScrollBarPolicy(JScrollPane.VERTICAL_SCROLLBAR_AS_NEEDED);
    }
```

图 8-4-2　FileEditor 类初始化组件对象

```
//新建菜单子项
    class NewAction extends AbstractAction
    {
        public NewAction()
        {
            super("新建(N) Ctrl+N");
        }
        public void actionPerformed(ActionEvent e)
        {
            mjTextPane.setDocument(new DefaultStyledDocument());
        }
    }
//打开菜单子项
    class OpenAction extends AbstractAction
    {
        public OpenAction()
        {
            super("打开(O) Ctrl+O");
        }
        public void actionPerformed(ActionEvent e)
        {
            //显示打开文件对话框
            int i=mJFileChooser.showOpenDialog(FileEditor.this);
            //单击对话框打开选项
            if(i==JFileChooser.APPROVE_OPTION)
            {
                //得到选择的文件
                File mFile=mJFileChooser.getSelectedFile();
                try
                {
                    InputStream is=new FileInputStream(mFile);
                    mjTextPane.read(is, "d");
                }
                catch(Exception error)
                {
                    error.printStackTrace();
                }
            }
        }
    }
//保存菜单子项
    class SaveAction extends AbstractAction
    {
        public SaveAction()
        {
            super("保存(S) Ctrl+S");
        }
        public void actionPerformed(ActionEvent e)
        {
            int i=mJFileChooser.showSaveDialog(FileEditor.this);
            if(i==JFileChooser.APPROVE_OPTION)
            {
```

图 8-4-2 FileEditor 类初始化组件对象（续）

```
                                File mFile=mJFileChooser.getSelectedFile();
                                try
                                {
                                        FileOutputStream out=new FileOutputStream(mFile);
                                        out.write(mjTextPane.getText().getBytes());
                                }
                                catch(Exception ex)
                                {
                                        ex.printStackTrace();
                                }
                        }
                }
        }
        //退出子项
        class ExitAction extends AbstractAction
        {
                public ExitAction()
                {
                        super("退出(X) Ctrl+C ");
                }
                public void actionPerformed(ActionEvent e)
                {
                        dispose();
                }
        }
        //剪切子项
        class CutAction extends AbstractAction
        {
                public CutAction()
                {
                        super("剪切(T) Ctrl+X");
                }
                public void actionPerformed(ActionEvent e)
                {
                        mjTextPane.cut();
                }
        }
        //复制子项
        class CopyAction extends AbstractAction
        {
                public CopyAction()
                {
                        super("复制(C) Ctrl+C");
                }
                public void actionPerformed(ActionEvent e)
                {
                        mjTextPane.copy();
                }
        }
        //粘贴子项
        class PasteAction extends AbstractAction
        {
```

图 8-4-2　FileEditor 类初始化组件对象（续）

```
                public PasteAction()
                {
                        super("粘贴(P)    Ctrl+V");
                }
                public void actionPerformed(ActionEvent e)
                {
                        mjTextPane.paste();
                }
        }
        //关于子项
        class AboutAction extends AbstractAction
        {
                public AboutAction()
                {
                        super("关于记事本(About)");
                }
                public void actionPerformed(ActionEvent e)
                {
                        JOptionPane.showMessageDialog(FileEditor.this,"本软件主要进行记事本功能的演示","关于
",JOptionPane.PLAIN_MESSAGE);
                }
        }
        //帮助子项
        class HelpAction extends AbstractAction
        {
                public HelpAction()
                {
                        super("联系开发者");
                }
                public void actionPerformed(ActionEvent e)
                {
                        JOptionPane.showMessageDialog(FileEditor.this,"mail@qq.com","开发者邮箱
",JOptionPane.PLAIN_MESSAGE);
                }
        }
```

图 8-4-2　FileEditor 类初始化组件对象（续）

在 FileEditor 类中新建构造方法中新建菜单栏，并将所有菜单子项添加到各自的菜单中，设置 JFrame 的显示属性；在 main 方法中新建 FileEditor 类对象生成窗口，如图 8-4-3 所示。

```
public class FileEditor {
    public FileEditor()     {
            //新建菜单项的各种功能
            Action[] mActions=
                {
                            new NewAction(),
                            new OpenAction(),
                            new SaveAction(),
                            new ExitAction(),
                            new CutAction(),
                            new CopyAction(),
                            new PasteAction(),
```

图 8-4-3　FileEditor 类

```
                                    new AboutAction(),
                                    new HelpAction()
                        };
            //根据actions创建菜单栏
            JMenuBar mJMenuBar=addJMenuBar(mActions);
            setJMenuBar(mJMenuBar); //将菜单栏添加到JFrame窗口
            //将文本框框添加到显示面板上
            Container mContainer=getContentPane();
            mContainer.add(scrollPane, BorderLayout.CENTER);
            //设置JFrame的窗口属性
            setTitle("记事本");
            setSize(800,600);
            setVisible(true);
            setDefaultCloseOperation(JFrame.EXIT_ON_CLOSE);
    }

    //根据actions创建菜单栏
    private JMenuBar addJMenuBar(Action[] actions)
    {
            //新建菜单栏
            JMenuBar menubar=new JMenuBar();
            //新建菜单
            JMenu menuFile=new JMenu("文件(F)");
            JMenu menuEdit=new JMenu("编辑(E)");
            JMenu menuAbout=new JMenu("帮助(H)");
            //菜单中添加菜单子项
            menuFile.add(new JMenuItem(actions[0]));
            menuFile.add(new JMenuItem(actions[1]));
            menuFile.add(new JMenuItem(actions[2]));
            menuFile.add(new JMenuItem(actions[3]));
            menuEdit.add(new JMenuItem(actions[4]));
            menuEdit.add(new JMenuItem(actions[5]));
            menuEdit.add(new JMenuItem(actions[6]));
            menuAbout.add(new JMenuItem(actions[7]));
            menuAbout.add(new JMenuItem(actions[8]));

            //将菜单添加到菜单栏
            menubar.add(menuFile);//添加文件菜单
            menubar.add(menuEdit);//添加编辑菜单
            menubar.add(menuAbout);//添加帮助菜单
            return menubar;
    }
    public static void main(String[] args) {
            // TODO Auto-generated method stub
            //生成窗口并显示
            FileEditor mFileEditor=new FileEditor();
    }
}
```

图 8-4-3   FileEditor 类（续）

8.5　单元小测

8.5.1　判断题

1. InputStreamReader 属于字节流。 　　　　　　　　　　　　　　　　（　　　）
2. BufferedInputStream 属于字节流。 　　　　　　　　　　　　　　　（　　　）
3. FileInputStream 属于字节流。 　　　　　　　　　　　　　　　　　（　　　）
4. 按单位划分可以分为字节流与字符流。 　　　　　　　　　　　　　（　　　）
5. 凡是从外部设备流向中央处理器的数据流，称为输入流；反之，称为输出流。
　　　　　　　　　　　　　　　　　　　　　　　　　　　　　　　　（　　　）
6. FileInputStream 是字节流，BufferedWriter 是字符流，ObjectOutputStream 是对象流。
　　　　　　　　　　　　　　　　　　　　　　　　　　　　　　　　（　　　）
7. InputStreamReader 属于字节流。 　　　　　　　　　　　　　　　　（　　　）
8. BufferedInputStream 属于字节流。 　　　　　　　　　　　　　　　（　　　）
9. FileInputStream 属于字节流。 　　　　　　　　　　　　　　　　　（　　　）

8.5.2　单选题

1. 下列数据流中，属于输入流的一项是（　　　）。
　　A. 从内存流向硬盘的数据流　　　　B. 从键盘流向内存的数据流
　　C. 从键盘流向显示器的数据流　　　D. 从网络流向显示器的数据流
2. Java 语言提供处理不同类型流的类所在的包是（　　　）。
　　A. java.sql　　　　　　　　　　　B. java.util
　　C. java.net　　　　　　　　　　　D. java.io
3. 下面 InputStream 类中（　　　）方法可以用于关闭流。
　　A. close()　　　　　　　　　　　B. skip()
　　C. mark()　　　　　　　　　　　D. reset()
4. 下面哪个不是 InputStream 类中的方法？（　　　）
　　A. int read(byte[])　　　　　　　B. void flush()
　　C. void close()　　　　　　　　　D. int available()
5. 下列流中哪一个使用了缓冲区技术？（　　　）
　　A. BufferedOutputStream　　　　　B. FileInputStream
　　C. DataOutputStream　　　　　　　D. FileReader
6. 在通常情况下，下列哪个类的对象可以作为 BufferedReader 类构造方法的参数？
（　　　）
　　A. PrintStream　　　　　　　　　B. FileInputStream
　　C. InputStreamReader　　　　　　D. FileReader

7. 下列关于流类和 File 类的说法中错误的一项是（　　　）。

   A. File 类可以重命名文件　　　　　　B. File 类可以修改文件内容

   C. 流类可以修改文件内容　　　　　　D. 流类不可以新建目录

8. Java 系统标准输出对象 System.out 使用的输出流是（　　　）。

   A. PrintStream　　　　　　　　　　B. PrintWriter

   C. DataOutputStream　　　　　　　　D. FileReader

8.5.3　编程题

在 8.4 节的单元实训中已完成了一个文本编辑器，在"文件"菜单中增加一个"另存为"子菜单，用户打开一个 Java 源代码后，单击"另存为"子菜单后，可以将源程序的每一行代码前添加行号，将源程序另存为其他的文件。如图 8-5-1 所示，打开了 FileEditor.java 文件，单击"另存为"子菜单，另存 FileEditorLine.java 文件，再使用文本编辑器打开 FileEditorLine.java 文件，文件的每一行代码前添加了行号，如图 8-5-1 所示。

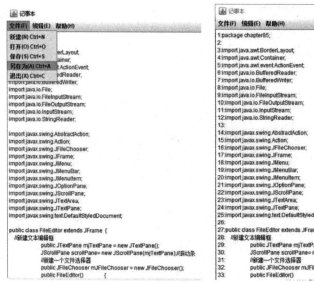

图 8-5-1　FileEditor 类

附录 本书的教学单元及教学资源

单元 8个	章节 25节	知识点案例 121个	实训任务 28个	习题 220道	教学预习课件	网络教学课件	章节慕课视频 25个
1 Java基础	1.1 Java概述	1	1 自我介绍	19	1	1	1
	1.2 JDK下载和安装	1	2 爱心图案		1	1	1
	1.3 第一个Java程序	1	3 圣诞树图案		1	1	1
2 Java语法	2.1 Java基本语法	3	4 华氏温度转换	37	1	1	1
	2.2 常量和变量	9	5 数字加密		1	1	1
	2.3 运算符和表达式	6	6 大小写字母转换		1	1	1
3 分支与循环	3.1 选择结构语句	7	7 闰年判断	25	1	1	1
	3.2 循环结构语句	6	8 小球反弹高度		1	1	1
			9 爱因斯坦阶梯数				
	3.3 方法	6	10 两个自然数之间质数		1	1	1
			11 汉诺塔求解				
4 类和对象	4.1 类和对象	4	12 学生信息管理	27	1	1	1
	4.2 构造方法与this关键字	4	13 长方体体积		1	1	1
	4.3 static关键字与内部类	4	14 矩形面积		1	1	1
5 继承与接口	5.1 类的继承	4	15 图书信息管理	33	1	1	1
	5.2 抽象类与接口	4	16 车辆信息管理		1	1	1
	5.3 多态与异常	4	17 员工信息管理		1	1	1

续表

单元 8 个	章节 25 节	知识点 案例 121 个	实训任务 28 个	习题 220 道	教学 预习 课件	网络 教学 课件	章节慕 课视频 25 个
6 Java GUI	6.1 GUI 概述	6	18 键盘监听器	26	1	1	1
	6.2 AWT 布局与绘图	4	19 五环奥运旗		1	1	1
	6.3 Swing 窗口与对话框	6	20 计算器		1	1	1
	6.4 Swing 菜单与按钮组件	5	21 个人所得税计算器		1	1	1
			22 油耗计算器				
7 数组与集合	7.1 数组	8	23 矩阵最值	35	1	1	1
	7.2 集合与 List 接口	5	24 约瑟夫环求解		1	1	1
	7.3 Set 与 Map 接口	8	25 田忌赛马求解		1	1	1
8 I/O（输入/输出）	8.1 字节流	5	26 文件拷贝	18	1	1	1
	8.2 字符流	4	27 文本编辑器		1	1	1
	8.3 文件访问	6	28 文件管理器		1	1	1

参考文献

［1］徐红，张宗国.Java 程序设计［M］.2 版.北京：高等教育出版社，2019.

［2］黑马程序员.Java 基础入门［M］.2 版.北京：清华大学出版社，2018.

［3］李刚.疯狂 Java 讲义［M］.5 版.北京：电子工业出版社，2019.

［4］Bruce Eckel 著.Java 编程思想［M］.4 版.陈昊鹏，译.北京：机械工业出版社，2007.

［5］凯·S.霍斯特曼 Cay S.Horstmann 著.Java 核心技术 卷 I 基础知识［M］.11 版.林琪，苏钰涵，译.北京：机械工业出版社，2019.

［6］明日科技.Java 从入门到精通［M］.5 版.北京：清华大学出版社，2016.

［7］何昊，薛鹏，叶向阳.Java 程序员面试笔试宝典［M］.北京：机械工业出版社，2014.

［8］李兴华.Java 从入门到项目实战［M］.北京：中国水利水电出版社，2019.

［9］唐亮，王洋.Java 开发基础［M］.北京：高等教育出版社，2016.

［10］施珺.Java 面向对象程序设计教程［M］.北京：高等教育出版社，2019.

［11］睢碧霞，蒋卫祥，朱利华.Java 程序设计项目教程［M］.北京：高等教育出版社，2015.

［12］李卫华.Java 技术及其应用［M］.北京：清华大学出版社，2009.

［13］金松河，王捷，黄永丽.Java 程序设计经典课堂［M］.北京：清华大学出版社，2014.

［14］常建功，陈浩，黄淼.零基础学 Java［M］.4 版.北京：机械工业出版社，2014.

［15］杨洪雪，韩丽萍.Java 开发入门与项目实战（高职）［M］.北京：人民邮电出版社，2010.

［16］李兴华，马云涛.第一行代码 Java 视频讲解版［M］.北京：人民邮电出版社，2017.

反侵权盗版声明

电子工业出版社依法对本作品享有专有出版权。任何未经权利人书面许可，复制、销售或通过信息网络传播本作品的行为，歪曲、篡改、剽窃本作品的行为，均违反《中华人民共和国著作权法》，其行为人应承担相应的民事责任和行政责任，构成犯罪的，将被依法追究刑事责任。

为了维护市场秩序，保护权利人的合法权益，我社将依法查处和打击侵权盗版的单位和个人。欢迎社会各界人士积极举报侵权盗版行为，本社将奖励举报有功人员，并保证举报人的信息不被泄露。

举报电话：（010）88254396；（010）88258888

传　　真：（010）88254397

E-mail：　dbqq@phei.com.cn

通信地址：北京市海淀区万寿路 173 信箱
　　　　　电子工业出版社总编办公室

邮　　编：100036